故事的力量

正中靶心
連結目標客群
優化品牌價值的飛輪策略行銷

喬・拉佐斯卡斯、申恩・史諾 ——著
莊安祺 ——譯

The Storytelling Edge

How to Transform Your Business, Stop Screaming into the Void, and Make People Love You

by Joe Lazauskas & Shane Snow

目錄

推薦序・胡川安／004
推薦序・張宏裕／013
序論／020

01 故事的魅力

賈克和乞丐／033
萊恩・葛斯林的故事／035
我們的大腦是為故事而打造／039
故事幫助我們記憶／042
故事讓人產生同理心——化學層面／045
故事讓我們團結在一起／047
強大的力量……／054

02 偉大故事的四元素

元素一：關聯／061
元素二：新奇／066

05 建立受眾的殺手公式

CCO模式：創造、連結、改進／142
連結：說故事的靶心／151
創造：故事的漏斗矩陣／158
改進：提升效能／163

06 品牌新聞編輯室

人才競賽／180
虛擬新聞室／182
你喜歡什麼類型的新聞室？／184

07 品牌說故事的未來

#1：說突破性的高品質故事／191
#2：嚴謹的策略／195
#3：技術支援和數據改進／200
內容決策發動機／204
內容作業輪／205

由電影人氣資料來看新奇性／069
元素三：張力／075
元素四：流暢／078

03
磨練說故事的技巧
說故事的共通框架／085
提升故事技巧的富蘭克林法／091
汙泥報告／097

04
運用說故事改變業務
故事如何讓產品和服務更好／109
故事讓廣告變得更好／116
故事會提升你的銷售轉換率／121
故事讓你的徵才流程更順暢／123
故事打造你的品牌／124
建立地表最強的內容策略部落格／131

策略／208
計畫／212
創造／216
啟動／220
改進／223

08
說故事的習慣
在你的組織內推動說故事／233
說故事的文化／239
願故事力與你同在／241

致謝／242
參考資料／245

在數位時代，透過故事的力量讓自己被看見

——胡川安

企業成功的祕訣

有一年我到處演講，將近百場，都是跟日本料理有關。說過一個一個故事，讓日本料理不僅是嘴裡吃的，也是長知識的文化。我經常分享的一個故事，是關於鐵板燒的：

一開始有點可怕。

你坐在一個很大的餐桌邊（餐桌同時也可以變成一個烤盤），剎那間，他就忽然出現了。這個人穿得像主廚，但他所帶來的氣氛使他

無可置疑的是個作戰的武士。

他鞠躬。而你身在安全的那一邊，也向他鞠躬回禮。

他露出莫測高深的微笑，掏出了一把刀。你緊緊抓住你的筷子。

突然間，此人化身成為一個風馳電掣的僧侶。嘶、嘶、嘶……他的刀子飛過那些成排的蝦子宛如閃光的照明。蝦子（如今已被切成入口的大小）宛如在烤盤的中心跳舞。

最後，揭曉真相的那一刻終於降臨，他把還在吱吱作響的蝦子輕拋在你的盤中。你嚐了嚐蝦子，心中有股小小的狂喜。

上面這段文字我覺得是對鐵板燒的飲食經驗最好的一段敘述。我常問下面的聽眾，猜猜看這則故事是哪個想像力豐富的作家所寫的呢？把鐵板燒的飲食經驗如此傳神的表達出來。

台下的聽眾從來沒有人答對過。這段文字來自《哈佛商學院案例研究》（*Harvard Business School Case Study*），介紹在美國大為流行的紅花鐵板燒（*Benihana of Tokyo*）如何成功行銷、經營的故事。

企管學奉為聖經的《哈佛商學院案例研究》透過故事傳遞企業成功的祕訣，讓讀到這則故事的人都可以清楚的感受到享受鐵板燒的過程。前幾年我開始撰寫飲食文化的故事，後來出版了《和食古早味：你不知道的日本料理故事》。當時收集了很多日本料理的故事，透過一則一則的故事，帶領讀這領略日本料理背後的文化。

《和食古早味》銷售狀況細水長流，賣出了一萬多本，還賣出了韓文版和簡體中文版的版權。除了出版社的行銷相當出色以外，還有另外一個原因，就是這些文章一開始在「故事：寫給所有人的歷史」(*gushi.tw*) 網站刊出。

「故事：寫給所有人的歷史」

「故事：寫給所有人的歷史」網站在二〇一四年創辦，四年多以來，超過三千篇的文章，FB上超過二十萬的粉絲，每月觸及率將近百萬，出版超過二十本書，線下活動超過百場，成為台灣人文知識媒體的佼佼者。這就是故事的力量。

過去幾年中，我除了在「故事」網站上書寫日本飲食文化，同時擔任網站的主編。「故事」網站所仰賴的就是一批優秀的作者，讓我們的內容維持相當高的品質，而且沒有間段地持續產出。「故事」網站擅長的地方就是能把以往大家不關心的歷史，透過故事，講得有趣，並且在文章當中獲得知識。

一開始「故事」網站的作者都是素人，也是相當年輕的作者。二、三十歲的年紀，文章不僅在網路上獲得大量的分享，很多作者在幾年的寫作過程中已經成為相當成熟的作者，出版專書，賣出海外的版權，還代表台灣的出版品前往法蘭克福書展，成為台灣人文的代表作。

為什麼叫「故事」？因為我們的作者都喜歡故事，喜歡用有創意的方式，讓所有人都喜歡歷史。歷史是一個一個故事所組成的，照理來說，學歷史的人應該是最會說故事的人。但是，在時代進展的過程中，歷史學人逐漸忘卻了這個技藝。

幾年下來，「故事」網站除了是一個熱門的網站，同時是個具有競爭力的新創公司，因為我們都相信故事的力量。當遠流出版公司的總編邀請我為《故事的力量》寫推薦序時，讀完覺得其中很多的想法與我們這幾年的發展過程相當類似，並且給了我很多的啟發。

故事的力量

我們都知道什麼是故事，從小還未識字前，央求父母在睡前唸故事，讓我們可以進入美好的夢鄉；當我們識字之後，透過閱讀理解童話故事、神話、推理小說、愛情羅曼史……等各式各樣的故事。在人生成功與喜悅的時刻，都有不同故事伴隨著我們。

然而，藏諸民間，隨手可得的故事，不僅給予我們生活的力量，也是現在企業成功的祕訣和個人求職的利器。不僅雇主，還有員工都需要磨練說故事的能力。美國原住民的諺語說：「說故事的人統治世界。」故事給與我們未來的想像，讓聽眾都相信，沉迷於故事，願意跟隨。

全世界最賺錢的作家應當是最會說故事的人，月薪超過兩億台幣的J・K・羅創造了哈利波特的世界。本來是個落魄的單親媽媽，靠著自己的創意，還有豐富的故事情節，讓她成為全世界最富有的作家，而且擠進了富比士全球富人的排行榜中。人類被故事所吸引，並不是後天所習得的技能，而是天生就具有的能力，可以說我們的大腦就是為了故事所打造。

透過科學家的研究，故事會讓我們大腦中負責語言和理解的區域活躍起來，使用更多的神經元，加深記憶的印象。除此之外，故事也會在大腦中激發化學作用，產生更強烈的同理心，進而尊重差異。從人類的社群發展來說，故事讓人類成為更大的群體，因為我們可以傳承記憶，尊重其他的人，並且團結凝聚在一起，使得社群更加壯大。

當我們知道故事的神奇效用時，我們可以更進一步追問構成故事的要素是什麼？《故事的力量》中以深入淺出的方式剖析故事當中的重要元素，「關聯性」讓我們從熟悉到陌生，在故事中發現自己，投射到故事當中的角色；「新奇」也是故事不可缺少的元素，我們在故事當中想要找到熟悉感，同時也要找到引人入勝的新鮮元素，讓我們的好奇心得以滿足；平鋪直敘的故事無法讓人追下去，情節鋪排一定要有張力，保持緊張的情節是故事不可或缺的元素；有了故事的元素後，讓情節不會脫誤錯亂，維持故事的流暢度，則是說故事的人必須打磨的手藝。

數位時代的來臨，給予每個人很好的發展機會。在各種社群媒介中，我們可以說自己和別人的故事。以往可能只有作家，或是出版商才能讓讀者看到故事，但是社群時代，每個人都是自媒體，都有機會成為眾人的焦點，同時也改變了商業的模式。

新創公司會說故事不稀奇，因為他們在網路時代誕生，這個時代靠的就是說故事的口碑。但是超過百年的企業也需要故事來重整，長青企業奇異是個龐大的組織，生活中從燈泡到噴射機，所有的電器產品都看得到。然而，或許由於歷史悠久，大部分的人都覺得公司文化相當的陳舊。透過企業文化的改造，讓整個公司不僅對外部說故事，也進行內部倡議，說故事成為公司的重要文化，每個員工都樂於分享公司中正在進行的計畫，所有優秀的人才都覺得進入奇異是件很酷的工作。

透過《故事的力量》，我們可以看到精采的實例。現在世界上最酷的公司，不管是新或舊，他們在打造自己的品牌時，都讓故事提升銷售轉換率，並且透過故事找尋到最好的人才。

故事的力量不只是在大企業中，在各式各樣的企業都可以實踐，甚至可以應用到生活中的各個層面。我自己透過說故事，不僅寫出了膾炙人口的書，同時也透過「故事」網站，改變華文世界的人文書寫。對於我自己的人生而言，一個歷史學界出身的學者，能在二〇一九年二月進入中文系工作，也是因為中文系了解到故事的力量。希望我帶領學生說故事、寫故事，讓未來台灣的人文書寫更加豐富。

我透過故事實踐了自己的人生，翻開這本書的讀者，希望你們也能用精彩的故事豐富未來的世界。

推薦者簡介

胡川安

中央大學中文系助理教授、「故事：寫給所有人的歷史」網站主編。

內容行銷，故事為王！——張宏裕

多年前一個週末下午，我去醫院探望一位教會弟兄的父親，他已經插管躺在病床上，無法說話；但用眼睛餘光示意，歡迎我們。簡單為他禱告之後，回程路上我腦中浮現《聖經》詩篇：「我們一生的年日是七十歲，若是強壯可到八十歲；但其中所矜誇的，不過是勞苦愁煩，轉眼成空，我們便如飛而去。求主指教我們怎樣數算自己的日子，好叫我們得著智慧的心。」

人如何數算自己的日子？當在生命盡頭，獨自在病床上，身體已日漸衰殘，但精神意識猶清醒，漫漫長夜，誰能在心靈上陪你度過無盡的春夏秋冬？我猛然驚覺，難道不是回憶嗎？回憶中一個又一個的故事。人生餘年若沒有無盡的故事來回憶，晚景是不是很悲涼呢？從那天起，我開始擁抱故事，直到現在，故事也一直寫下去。

一、你的人生，是故事內容（經歷／人格／理念）

二〇一七年五月，當ＡＩ人工智慧AlphaGO圍棋軟體戰勝棋王柯潔，柯潔難過地哭了！我深思：當ＡＩ除了下棋，還會作曲、寫文章、診斷醫療、煮菜、泡咖啡、生產製造、救災探險、清潔掃地、服侍主人，人類在享受這一切服務，同時也面臨機器學習的競爭，人的精神情感究竟更充實快樂，還是更空虛無奈？

我有感寫下一句話：

AlphaGO雖在技術上戰勝了，但人類的「情感」勝出，真切的情感是ＡＩ無法模仿的巧實力（Smart power）！真情流露的感性與溫度終將勝出。

數位網路時代，內容行銷（content marketing）產業勃興。內容行銷是通過分享資訊、教育、娛樂或專業解說，來推廣商品或企業，同時也幫助人們所需價值和改善生活的行銷方式。內容媒體平台百花爭鳴，無非都在進行「眼球」爭奪戰，但什麼能夠抓得住你呢？難道不是「故事」嗎？

故事，讓人會哭會笑！人生即故事，故事即人生。重要的是：人生要活對故事！故事中隱喻「英雄打敗敵人」，就是問題解決的過程。

本書兩位作者成立內容行銷公司，透過說故事的元素與精神，協助許多《財星》五百大企業與他們的顧客如何建立緊密的關係連結。故事的力量，經過情感醞釀的情境，運用關聯／新奇／張力／流暢的四元素，傳遞真善美的價值，驅使我們採取行動。

近年來我受邀至企業／組織進行「故事行銷」培訓，建議可從下面的線索，尋找個人「親身經歷」的故事：

◆在生命中刻骨銘心的一段經歷？（社會見聞、旅遊、家庭、人際溝通等）

◆在生命中影響你最深的的一個人／一句話／一個理念或信仰？

◆在生命中最傷痛的一件事？（或傷痛結痂、或昂首闊步走出陰霾）

故事慢慢說，情感慢慢流，人生慢慢活。故事先說給自己聽，學習靜下心來，聆聽內心的聲音，寫下心情的點滴。這就是古人「定、靜、安、慮、得」。

二、你的銷售，是故事內容（產品／服務／品牌）

多年前4G上網時代來臨，各大電信公司競相標榜系統飆速，某電信公司廣告卻訴求：「世界變快，心則慢。」如何使我們的心慢下來呢？「故事」就是一個路障，使紛亂的人們慢下腳步。

就像本書的副標「正中靶心，連結目標客群，優化品牌價值的飛輪策略行銷」。作者提到：精明的行銷人員，懂得用故事推銷他們的想法。他們先創造（Create）故事內容，思考如何把內容傳遞（*Connect*）給大眾，然後不斷改進（*Optimize*）故事內容以及傳遞方法。再次傳遞出去，直到它擁有最大的口碑粉絲為止。

一九五七年，日本大和運輸的創立者小倉康臣先生，某天他看到馬路邊躺著一隻孤零零的初生小貓，雙眼睛張不太開，發出微弱的喵喵聲，落單呼喊著母貓，讓人看了心疼。他心生惻隱，要走過去移走小貓，以免小貓被來往的車輛撞傷。

此時突然一隻母貓出現，過去溫柔的舔了一下小貓的眼睛，小心翼翼，輕啣起小貓的脖子，然後慢慢的把小貓移往安全的窩。康臣先生從那對親子貓的眼神中體會到這種細心呵護、無微不至的態度，正是宅急便服務應該有的精神：「懷抱著母貓對待對自己親骨肉的心態，以小心翼翼的態度面對每次託付，對顧客的包裹視如己出般的呵護。」據說這就是後來黑貓宅急便的品牌故事象徵。

建議從以下線索，發掘故事行銷內容：

◆群眾募資（眾籌）：說一個親身經歷（創辦人）的故事，闡述理念，取代老王賣瓜，煽動性的浮誇。

◆面談說服：說一個工作中逆轉勝的故事，展現自我特質與問題解決的能力。

◆業務推銷：說一個顧客終於買單的曲折過程，或是顧客成為瘋狂粉絲的見證。

三、你的組織，是故事內容（家庭／企業／組織）

麗池卡爾登飯店（Ritz-Carlton）訓練員工的活動「哇！故事」，鼓勵同儕互相分享曾經讓房客感受賓至如歸的經歷。許多企業組織都已建立「故事錦囊」分享業務、客服人員的小故事。而更多企業如金士頓、中國信託、席夢思、華固建設、星展銀行等，更運用微電影的故事行銷，凸顯品牌意涵！

組織傳揚說故事的巧實力，可激發成員：破冰、想像力、幽默感、同理心、正面思考等能力。聽完故事，領會對策與價值，打造共好文化。

組織故事力的應用場合有：

◆ 群策群力：會說故事的領導者「先說故事，再講道理」，引導危機意識與對策的說服。

◆人資招募：說一個企業軼聞、趣事的故事，間接傳遞企業文化與價值觀。

◆品牌故事：發想或研發過程挫敗或成功經驗、材料元素等。

多年來擁抱與喜愛故事過程中，感受「故事的力量」驅使我們成為一個「內容」正確的人，進而氣質潛移默化、商品散發魅力、組織創新思維、社會同理關懷。深願故事「真善美」的力量，讓你人生內容增添光彩！

推薦者簡介

張宏裕

故事方舟文創工坊創辦人。www.storyark.com.tw

序論

幾年前，有個臉色蒼白、畫著奇形怪狀的眉毛，背著樂器鍵盤的女郎曾經拍了一段錄影帶。影片中，她於黃昏時分站在澳洲墨爾本的街角，身穿和服，手上舉著用麥克筆寫的標示牌，一張一張翻動。牌子上說，站在街頭的這個女郎四年來一直都在寫歌作曲，她是樂手，不過為了製作她的下一張專輯，她所屬的唱片公司要向她收取高額費用，所以雙方已經分道揚鑣。她和樂團團員都很高興脫離這家唱片公司，他們也非常努力，要創造動聽的新音樂和藝術，但他們卻無法只憑自己的力量製作唱片。如果他們要順利展開獨立音樂的新業務，就需要大家的幫助。

「這是音樂的未來。」她的標示牌寫道。另一張標示牌則寫著：「我愛你。」接著她在眾籌網站 Kickstarter 上發布了影片。

不到三十天，這段影片就籌得一百二十萬美元，金額比她原訂目標的十倍還多。近兩萬五千人預訂了她的專輯，購買她為籌錢而賣的藝術品，或者僅僅是捐款，不求回報。她的專輯和巡迴演出大獲成功，所創作的樂曲讓她名利雙收。

這位穿和服的女子名叫阿曼達．帕爾默（Amanda Palmer）。她的作法改變了獨立樂手的遊戲規則，但她並非靠募款做到這一點。

她是透過說故事來達到目的。

故事攸關緊要

每隔一段時間，商業界就會出現新的流行用語，然後一堆部落格文章就會對這些用語侃侃而談。可是這些流行語最後卻淪落到「協同作用」（synergy）之流的八股術語堆裡。如今企業界最流行的詞就是「說故事」。行銷人員對說故事念念不忘，小組會議只要是談這個主題，缺席的人數就比人氣最旺的百老匯音樂劇《漢米爾頓》（Hamilton）還要少。

有趣的是，自有廣告以來，說故事一詞就經常流行。它不斷出現，因為它永不過時。在歷史上，故事推動了人類的行為——不論善惡。

而在數位時代，企業、工人和領袖比以往任何時候都更有機會站出來傳播他們的訊息，並藉由故事旋乾轉坤。

精彩的故事出人意表，發人深省。它們牢牢地存在我們的腦海裡，讓我們記住 PowerPoint 圖表永遠無法讓我們記得的想法和觀念。

成千上萬像帕爾默這樣的創作者之所以能在 Kickstarter 募資平台上獲得數百萬人支持，就是因為他們的故事，Kickstarter 深諳此點。它不僅容許創作者敘述他們的故事，而且要求他們講故事；它需要故事。每一個贊助方案都必須附上一段影片，讓創作者解釋他們在做什麼，以及他們為什麼需要幫助。

網際網路、移動訊息和分享工具改變了我們的生活，不論任何工作，說故事都是不可或缺的基本技巧。我們耗費越來越多的時間在訊息上，說故事就成為每一個企業和個人都需要掌握的核心技能。

遺憾的是，在PowerPoints和「動態更新」盛行的時代，我們許多人已經忘記如何敘述精彩的故事。

企業需要精彩的故事

最近的研究顯示，78%的大企業行銷主管都認為內容——即在理想情況下以故事形式或者故事本身出現的訊息、娛樂、教育，是他們未來的工作重點。三分之二的品牌行銷人員認為，內容比大部分類型的廣告更好。這代表極驚人的數字。

這主要是因為社交媒體讓我們能與任何人和任何公司輕鬆交談。如今在臉書上，在我們親友的相片和《紐約時報》的報導旁邊，就能在串流影片上找到「品牌內容」。大部分企業把自己當成出版人，成功的定義不只是要能夠把東西放在網際網路上，而且也要編出引人入勝的故事。

如今已經沒有人受得了受到推銷干擾，但人人都愛聽精彩的故事。能夠說出精彩的故事的企業（的確有些企業表現非常傑出），就有未來的優勢。

員工和領導人都需要說精彩的故事

在所有條件相同的情況下，擁有強大「個人品牌」者——即聲譽良好的人，在求職和升遷，躋身領導階層上，就擁有優勢。個人品牌則建立在我們講述的故事，和講述我們的故事。

故事會使報告更精彩，故事使想法更堅定，故事幫助我們說服別人。精明的領導者講述故事，藉此啟發和激勵我們。（這麼多政治家在演講時說故事，就是這個原因，而且許多政治家都有作家和演藝人員的背景。）

就像帕爾默的故事使她受到成千上萬陌生人的喜愛一樣，我們的故事也可以讓我們開拓業務，發展事業。當然，我們需要科學和資料，才能在人生和工作中作出正確的決策，最佳的商業書籍和專題演講人都會運用故事，讓我們在幻燈片的統計資料已由我們的記憶中消失之後，依舊能記住他們的想法。

我們是誰？

我們是兩名對說故事非常有興趣，關心它對未來商業意義的記者。

申恩由哥倫比亞新聞學院畢業時，媒體世界正陷入危機。當時適逢一世紀以來最嚴重的經濟衰退，媒體的經濟狀況迅速變化，報章雜誌的工作以前所未見的速度大量流失。申恩眼看著才華橫溢的同學面臨全職工作前景萎縮的困境，甚至連要找一份體面的特約工作，都要歷經一番奮鬥。

與此同時，多年來一直擔任自由撰稿人的喬則在廣告價碼直墜下降的情況下，力求他的數位新聞初創公司《加速時報》（The Faster Times）在經濟上週轉自如。

我們倆都看到了一個前所未有的機會：社交媒體正在徹底改變企業行銷和廣告

的動態，它容許品牌直接和人聯繫。要掌握這個機會，品牌就需要他們原本沒有的人才：偉大的說故事者。

因此，在二〇一〇年，中恩與他在愛達荷州的兒時好友——網際網路創業家喬．科爾曼（Joe Coleman），以及工程師戴夫．戈德伯格（Dave Goldberg）合作，創立了Contently，協助安排特約的自由撰稿記者，為企業品牌撰寫部落格和和社交媒體內容。而同時，喬正在建立自己作家網路幫助品牌推動內容計畫。

一年多之後，我們聯合起來，喬擔任Contently的總編輯。Contently蓬勃發展，成為欣欣向榮的科技公司，擁有一套軟體，協助財星五百大企業（及其他公司）創立、管理和充分運用內容，和員工及客戶建立關係。我們想要讓品牌得到講故事的工具，敘述人們喜愛的故事，並衡量這些故事對他們盈虧底線的影響——我們稱之為「迷人且負責任的內容」。

在新興的內容行銷領域，Contently成為卓越的科技公司。我們的部落格「內容策略家」（The Content Strategist）成了內容產業的日報，擁有數百萬讀者。正如申恩愛說的，巨浪來襲時，我們正當其鋒，乘風破浪。

我們倆基本上是宅男。在 Contently 一起合作的這些年裡，我們不只迷上了為企業說故事的藝術，也對故事實際上如何改變人際關係的心理和神經科學興趣濃厚，因為著迷這個題目，讓我們寫出了這本書。

我們在本書中採用第一人稱。雖然我們分享的某些故事只發生在我倆之一的身上，但為了簡單起見，我們只用「我們」作為代名詞。不妨把我們想像成共穿一件巨大的襯衫，卻有兩個頭由襯衫上冒出來。（這實際上就是我們正在做的事情。這是我們創作過程的一部分，請勿批評。）

為什麼寫這本書？

正在讀本書的你可能聽說過內容行銷，品牌出版、品牌說故事，或其他種種委婉的說法。

網際網路上有大量關於內容的內容。很多人鼓吹我們應用說故事來作行銷。然而我們卻發現，關於我們認為最重要的部分，材料卻付之闕如：

偉大的說故事究竟怎麼運作？

還有，企業如何才能真正把故事說得更好？

在Contently，我們鼓吹：內容不僅僅是一種行銷策略。我們相信好的故事是祕密武器，可以讓企業的每一部分都變得更好。

說故事可以讓人們記住你。在招聘員工時，它為企業帶來了優勢。它能讓推銷員走進大門，提升公司的聲譽，並讓組織裡的每一個人建立更密切的聯繫，有更多的訊息。我們相信把故事編織到我們的產品、服務、報告，和習慣裡，可以改變我們工作、生活和經營企業的一切。

在本書中，我們將說明如何實現這一切。

我們辦公室的牆上掛著一句美國原住民的諺語：「說故事的人統治世界。」科技讓我們越來越緊密地聯繫在一起，我們相信這種情況越來越真實。身為企業、員工和領導人的職責，就是要確保好的人才是講述最佳故事的人。

就如帕爾默用麥克筆寫的：這是企業的未來。我們愛你，而且我們想讓你獲得優勢。

01

故事的魅力

有位法國詩人賈克在路上碰見一個乞丐。發現乞丐眼睛看不見，身旁有塊牌子也寫著他失明了。

「我是個窮作家，」賈克說：「我沒錢。但或許我可以為你重寫牌子？」

乞丐答應了，反正他也不會有任何損失。賈克拿起標示牌，將它翻過來，重寫了一段新訊息後離開。

幾天後，賈克又走在同一條路上，遇到同一名乞丐。他問乞丐：「情況如何？」

「最近大家都非常慷慨，」乞丐的音調變得高昂起來：「我的帽子每天都可以裝滿三次。謝謝，謝謝你在我的牌子上寫的話。」

賈克寫的是「春天要來了，但我看不見。」

假如這個世界要選出一位女王，候選人只有兩位知名的英國女性：伊麗莎白女王，和《哈利波特》系列的作者J．K．羅琳（J. K. Rowling）。

你獲邀參與這次選舉的投票，要選出你較信任的人。你會投票給誰？為什麼？

我們對這個問題感到好奇，所以幾年前我們以科技的途徑，向三千名美國人提出這個問題。

這項選舉的結果可能會讓你大吃一驚。

民調單位會說童書作者羅琳以一面倒的優勢，打敗伊麗莎白女王。

但是為什麼？

為什麼我們比較相信這位作家，而非女王？為什麼我們會選擇一位說故事的人，而非擁有一生領導經驗

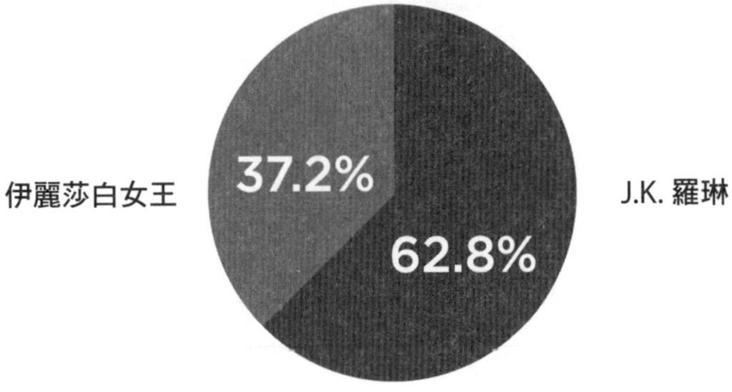

的女性？而這又與商業世界有什麼關係？

我們會在本書中回答這些問題。首先，我們要深入探討故事的科學以及故事對我們大腦的影響。然後我們會談談自己該如何成為會說故事的人，以及如何用說故事作為策略，在工作方面更有效地說服和說明，發展我們的業務，並在世界上有所作為。

而且正如各位可能已經猜到的，我們將由幾個故事開始。

賈克和乞丐

多年前，一位名叫賈克・普維（Jacques Prévert）的法國詩人走在路上，碰到一名正在討錢的乞丐。賈克停步和乞丐說話。

「情況如何？」賈克問道。

乞丐轉過頭來，賈克發現他失明了，他身旁有一塊牌子也如此說明。

乞丐回答說：「不太順利。大家走過我身邊，卻並沒有在我的帽子裡施捨金錢。你能給我一點錢嗎？」

「我是個窮作家，」賈克說，「我沒錢。但或許我可以為你重寫你的牌子？」

「當然好，」乞丐說，反正他也不會有任何損失。

所以賈克拿起標示牌，把它翻過來，重寫了一段新訊息，然後離開。

幾天後，賈克又走在同一條路上，遇到了同一個乞丐，決定問同樣的問題。

「情況如何？」

這回乞丐的音調變得高昂起來。

「最近大家都非常慷慨，」他說。「我的帽子每天都可以裝滿三次。謝謝，謝謝你在我的牌子上寫的話。」

賈克寫的是：「春天要來了，但我看不見。」

賈克用一句話，把敘述變成了故事。他光用一行字，就改變了一個人的人生。

現在先把這個故事置諸潛意識中，再來聽聽申恩最愛的故事：

萊恩．葛斯林的故事

萊恩．葛斯林（Ryan Gosling）是個演員，長得很帥。

有很長一段時間，申恩對他根本漠不關心。

當然，他似乎是好演員。但申恩從未看過風靡全球的《手札情緣》（*The Notebook*）。他知道葛斯林在網路上爆紅，不過這不干他的事，他只知道他還不錯。

有一天，申恩去參加商務會議，坐在觀眾席中。有人正在作沉悶無比的報告——那種每張幻燈片上都塞有兩百五十個以上小字的報告。申恩已經回覆完所有的電子郵件，只好開始瀏覽維基百科解悶。不知怎麼，他翻到了萊恩．葛斯林的條目，而且決定繼續讀下去。

不要批評。我們先前已說過，報告真的很無聊。

以下是維基百科上萊恩故事的摘要：

葛斯林有一段略微悲哀的童年。他在加拿大長大，（悲哀的不是這部分！）他父親是巡迴推銷員，所以全家經常搬遷。父母在他年幼時仳離，他與全職工作的母親同住。搬家和家庭問題都對他有影響。他很難結交朋友，而且也比大部分孩子更晚許久才學會閱讀──幾乎直到青少年時期。他被診斷出注意力不足過動症。

看電視成了葛斯林最喜歡的嗜好。他喜歡電影和口音，他喜歡《米老鼠俱樂部》。他喜歡馬龍白蘭度。

但他在學校常受欺負。經常搬家和看很多電視，對他交朋友並無益處。情況終於有了改變。一天，他帶了刀子到上學，並朝欺負他的孩子們揮舞。他決定要像他的動作片英雄藍波一樣，自行掌握大局。

大約十二歲時，葛斯林懇求母親讓他去蒙特婁參加《米老鼠俱樂部》的試鏡。他既可愛，又有才華，因此入選了。

下面是故事中荒唐的部分：因為葛斯林的母親不能和他一起搬到奧蘭多，因此由賈斯汀．提姆布萊克（Justin Timberlake）的媽媽收養他。（或者該說，由她擔任他的監護人。）

他學會如何在《米老鼠俱樂部》演出，他學會了讀書，他學會了專注。他長大了。

……而且他成了萊恩·葛斯林。

然後發生了一件怪事。

讀完維基百科的這一條目後，申恩突然想看萊恩·葛斯林的電影。所以他去看了《手札情緣》。（真是太好看了！）下一回有葛斯林的電影在戲院上映，申恩就買票進場。他開始對人說萊恩·葛斯林有多酷，他多有人性。不久之後，人們介紹申恩時就說：「這位是申恩——他是Contently的創辦人，而且是萊恩·葛斯林的超級大粉絲。」

的確如此！維基百科上的十分鐘讓申恩由漠不關心變成鐵粉。他成了葛斯林的擁護者，而原因只不過是他得知了他的故事。

聽來奇怪，申恩覺得他和萊恩建立了關係。

由這兩個故事，我們學到了幾件事。第一：故事有強大的力量。賈克和盲人與申恩與萊恩的經歷都說明了這一點。它們顯示了偉大故事的基本能力：它們能建立關係，並且讓人們關心。

在盲人乞討時，來往的行人無動於衷。但在他讓人們設身處地了解他的感覺時——在當他分享他的故事時，他們因為感動而伸出援手。

申恩原本並不知道萊恩·葛斯林是何許人也，但現在他直呼其名。如果他們有機會見面，他一定會張臂擁抱萊恩，不過我們打賭萊恩早已習慣了這種事。

故事的這種力量不只改變我們心意、建立關係，讓人們關心。這有其科學的根據。

幾年前，賓州大學的一組研究人員曾作過實驗，他們隨機發放五美元，請人們閱讀各慈善機構募款的信件，決定是否捐款。結果發現，如果募款的請求仰賴的是統計數據，訴求的是普遍存在的問題時，人們捐款的數量就會減少。當如果請求是針對痛苦個人的故事時，人們捐贈的數量就增加。

這個實驗的不同版本採用電視廣告、宣傳小冊和面對面的說服，重複了幾十次，都得到同樣的結果。懇求幫助總會得到一些捐款，但如果用故事，則會得到更多捐款。

那是因為……

我們的大腦是為故事而打造

在拿塔尼爾．菲畢里克（Nathaniel Philbrick）的經典故事《白鯨傳奇：怒海之心》（*In the Heart of the Sea: The Tragedy of the Whaleship Essex*）中，一群水手一八二一年在南美洲海岸巡曳出航時，碰上了可怕的遭遇。這群水手乘坐的是一艘名叫「海豚號」的捕鯨船，由船長辛姆瑞．柯芬指揮。一天，海平線中間突然出現一艘小船。下面是「海豚號」上的工作人員所看到的敘述：

在柯芬警戒的眼光下，舵手盡可能地把船靠近廢棄的小船。儘管他們的動力很快就把船推越小船，但在船隻靠近敞艙小船的那短暫時刻，卻出現了船員畢生難忘的景象……

他們起先看到了骨頭——人的骨頭，散落在座板和地板上，彷彿這艘捕鯨船是兇猛食人獸的海上巢穴。

接著他們看到了那兩個人。

他們蜷縮在船的兩端，皮膚上都是潰瘍，眼睛由凹陷的頭骨凸出，鬍鬚因鹽和血而凝結成塊。他們正從死去船友的骨頭吸吮骨髓。

快！想一想你剛開始讀這段文字時置身何處。你還記得在想像吃人的船員浸泡過鹽水的鬍鬚時，自己坐在座位上的感覺嗎？在你讀這篇文章的時候，房間裡是否有人正好在咳嗽？你還記得屋外有任何背景噪音嗎？有卡車或是警報器嗎？

等你讀完那段文字時，恐怕你的大腦已經把你拉進故事裡。你發揮想像力填補故事的場景，現實的情境則逐漸消失在你意識的背景中。強納森・哥德夏（Jonathan

Gottschall）在傑作《故事如何改變你的大腦？》（*The Storytelling Animal*）中分享了這個故事，這就是他所謂的「故事的巫術」，也就是我們的大腦天生會做的事。

我們天生就會誇大、想像，會讓自己融入精彩的故事中。想想你上回看電影或讀書時，突然因為房裡的噪音而重新回到現實的經驗。你並沒有意識到自己已經喪失了對周遭環境的知覺。你沒有注意到自己腦中現實與故事世界之間的界線開始消退。我們每天晚上睡覺時都會經歷的這個過程是一種生存機制，讓我們更能把資訊儲存在記憶之中。

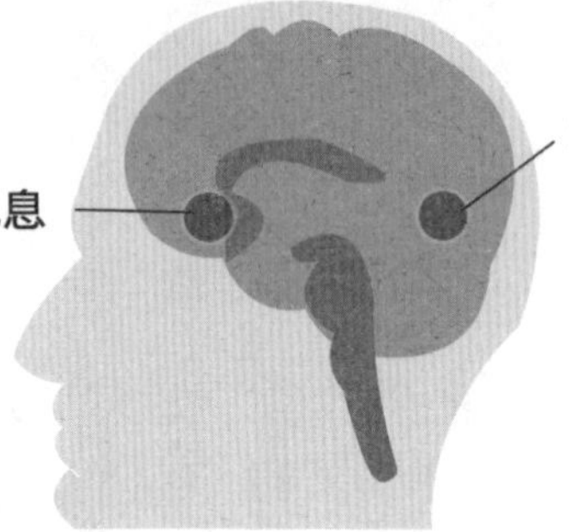

我們還知道當你聽或看到故事時，大腦的區塊會發亮：

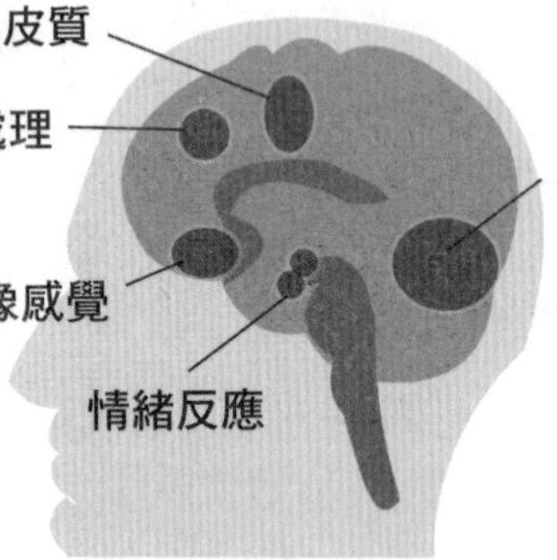

事實證明，如果訊息是以故事而非單純事實的方式傳達時，會發生令人驚訝的情況：我們的大腦有更多部位會變亮。在我們聽到故事時，神經活動會增加五倍，就像配電板突然照亮了我們大腦中的城市。

科學家有一種說法：「神經元一起開火，一起串連。」如果你的大腦在特定的時間點一起工作，記住它所做工作的機會就呈指數方式增加。

例如，假設你在上高中的健教課，老師播放幻燈片教學。第一張幻燈片上有一張圖表，上面是每年有多少人因吸毒而死亡或身敗名裂的統計數據。老師說，「毒品很危險。」

此刻，你大腦中負責語言處理和理解的區域會努力吸收這些信息。

現在假設有代課老師採取不同的教法。她放的幻燈片是一個英俊少年的照片。她說：「這是強尼，他是個好孩子，但他的家庭有很多問題，讓他有時很不快樂。他沉默寡言，經常受人欺負，所以他開始和其他受欺負的孩子一起玩。一天，有人拿毒品給他，他開始吸食很多毒品，讓自己飄飄欲仙。十年後，他變成這副模樣——」她切換了另一張照片，上面是一臉病容的二十來歲的青年，缺了幾顆牙。接著老師也說出和第一位老師相同的訊息：「毒品很危險。」

在這堂課上，你大腦所有的區塊都會活躍起來，讓你想像強尼的人生是什麼情況，他有什麼樣的感受，你又怎麼感同身受。

可想而知，第二種用故事教導的方法教人更難忘。接受這種訊息的學生在下次有人給他們毒品時，更有可能想到強尼的下場。無論他們做出哪一種選擇，都更可能會記住毒品很危險的訊息。

你了解我們要說明的事實嗎？在我們透過故事獲取資訊時，會用到更多的神經元。結果故事就會更牢固地連結在我們的記憶裡。

想像一下這會如何改變你未來的報告方式。

故事讓人產生同理心——化學層面

幾年前，科學家請一群人上電影院，以便了解故事究竟如何在我們的大腦中運作。他們讓參與者戴上頭盔，綁上監視器上，測量他們的心跳和呼吸，並在他們身上貼上排汗追踪器。這些受測者緊張地環顧四週，邊閒聊邊玩笑，並且玩弄他們的頭盔帶子。

接著播映詹姆斯．龐德的電影。

電影一邊播放，科學家一邊密切注意觀眾的生理反應。只要龐德面臨險境——比如掛在懸崖上或者和壞人搏鬥，觀眾的脈搏就加速跳動。他們開始冒汗，全神貫注。

另一件有趣的事發生了：就在此時，他們的大腦合成了一種神經化學物質，稱作催產素。

催產素是我們的移情藥物。它發出我們應該關心某人的信號。在史前時代，這個物質讓我們了解接近我們的人是否安全。他們是朋友？還是會用棍子打你的頭，偷走你的猛獁象肉排？催產素讓我們的大腦辨識我們應該協助生存的部落成員，因為這樣做也有助於我們的生存。

只要龐德陷入險境，我們的心跳率就會上升，因為我們的大腦認為他——這個熟悉的角色，是我們部族的一員。我們一看到他，就會產生催產素，讓我們對他的故事產生認同感。而且我們越是體驗他的故事，大腦分泌的催產素就越多。

這意味著我們不只是看龐德表演，而是設身處地，感同身受。就最深沉的生理層面而言，這意味著我們真正關心。

其實催產素的量可以預測人們的同理心。

而且有件有趣的事！——如今的確有人工合成的催產素。你可以像使用鼻噴霧劑那樣，把它噴進你的鼻子。科學家有了這種產品之後所做的第一件事，就是讓人們吸入合成催產素，然後要他們捐錢給慈善機構。

不出所料，與普通人相比，吸入催產素的人更樂於捐獻。（或許有些藥物並不那麼糟糕！）

故事讓我們團結在一起

只要聽過他人的故事，就很難會覺得自己和他們沒有關係。不論願不願意，我們由故事中獲得的催產素總會讓我們關懷。

這就是電影《早餐俱樂部》（*The Breakfast Club*）的前提。一群在校表現不佳的高中生週六被迫留校，他們相互敵對悶坐了一陣子之後，開始分享自己的私生活、父母、當然還有他們夢想的故事。在整個電影的過程中，他們形成了一種聯繫。等留校時間結束，他們各自回到不同的天地時，已經比從前更加親近。他們未必會成為密友，但至少現在能彼此了解，互相尊重。你可以想像他們在彼此遭欺負時會挺身而出，或者在高中畢業之後，等他們派系的人為界限開始瓦解時，會結為好友。

但更有趣的是，我們甚至不必分享自己的故事，就能與他人建立關係。分享任何故事，幾乎都可以造成改變。二〇一一年發表在《教學與教師教育期刊》（*Journal of Teaching and Teacher Education*）的一項研究報告中，紐西蘭的研究人員把不同種族和經濟背景的兒童聚在一起，做一系列的故事活動。這些科學家發現，即使這些兒童並未分享自己的故事，而只是一起讀故事書，也能對彼此產生同理心。他們感覺相互之間有有更多的聯繫。在他們成長的過程中，也比其他兒童較少種族或階級歧視。

研究人員的結論是，說故事「培養了同理心、同情心、寬容和對差異的尊重。」

這也就是為什麼人們在約會時看電影。表面來看，約會時看電影再糟糕不過。兩個人對電影有分別的體驗，這種平行的活動根本不必與你的約會對象互動。然而它成了共享的經驗。因為你大腦的天生設計，讓你記得這個電影故事的體驗，比其他的體驗更深刻，更生動，所以即使電影很糟糕，其故事也會在下意識中對你更有意義。你和你的約會對象一起經歷同樣的故事，這個事實讓你們更親近。

這也正是說故事讓我們人類這個物種能夠繼續生存的另一個原因。在人類初創文明之時，我們按部落分組。我們擁有這個教人羨慕的好腦袋，但我們必須保護它，避免受到劍齒虎和毒漿果以及隨時可能殺死我們的成千上萬種物品之害。我們必須合作才能生存。我們不得不一起打獵，一起採集食物，一起搭建避難所，並傳授我們學到的教訓，讓我們的子孫也能繼續生存。

但是，如果我們沒有書面語言來記錄我們所學到的事物，我們所生存的方法時，該怎麼做？答案當然是故事。

演化生物學家說，人類的大腦發展出說故事的能力——想像它們，編造它們，大約與我們說話的能力同時發展。講故事是語言發展和延續的重要元素。

因此在一日的勞動結束時，我們會聚集成部落。我們會由我們花在狩獵和採集和建造的時所接收廣闊世界的刺激，把它全部包裝成故事——協助我們記憶和關懷的故事。

花點時間想想你特別忠心的事物，比如你的家人、你的國家，或者你最喜愛的運動隊伍。我們的忠心往往不合理性。我們的家人未必很好相處，我們的國家未必滿足我們所有的需要，我們最喜愛的球隊可能是戰績慘不忍睹的紐約噴射機隊。

為什麼你會愛住得老遠你甚至從未謀面的祖父母？或者社會和政治觀點和你南轅北轍的叔叔？除了他們可能也愛你的事實之外，很可能是因為你花了許多時間，在餐桌或門廊上聽了關於他們的有趣故事。儘管有時空的距離或觀念的差異，這些故事依舊加強了你們的關係。

為什麼美國人如此熱愛自己的國家？在撰寫本書時，美國的教育和衛生系統比大多數已開發國家花費更高，排名更低。工作保障差，收入不均情況嚴重。美國監獄中的囚犯人數比世界上任何一個國家都多（並且人均囚犯比例也高於世界各國，除了塞席爾〔Seychelles〕共和國之外，而塞席爾有嚴重的海盜問題）。美國有許多令人驚奇的好事，但也有許多事物需要改進。然而美國人總不斷地說，美國是「世界上最偉大的國家」。

那是因為我們成長時一直都在聽這個國家的故事。美國的故事實際上是好萊塢的故事，是一群占下風者反敗為勝的故事，這一群不合時宜的人面對地球上最強大的帝國爭取自由，贏了一場不可思議的戰爭。那些故事在我們的腦海中烙下了英雄的形象：

波士頓茶黨發出了如雷貫耳的不平之鳴。開國元勳號召窮得以破布包腳權當靴子的革命軍。華盛頓偷偷越過冰冷的德拉瓦河發動突擊，扭轉了戰局。特斯拉、愛因斯坦，和所有移民到美國，有所作為的偉大發明家、創新者和先驅的故事。

為什麼噴射機隊不斷地讓你失望，你卻依然喜愛它？或許是因為你在成長的過程中，也聽了關於他們的故事。（比如傳奇四分衛喬・納瑪斯〔Joe Namath〕和他在場邊常穿的毛皮大衣！）或者你把觀賞噴射機比賽（這本身就是故事）和父母、兄弟姊妹或大學室友連結在一起。藉由這些故事，你建立了一種聯繫——一種抗拒理性的聯繫。不論這個故事是噴射機四分衛桑切斯腦袋撞到隊友臀部而造成「屁股掉球」的失誤，或是季後賽愛國者隊不可思議的逆轉勝，都能塑造極難破壞的聯繫。

那些故事——那種聯繫，讓你度過難關，讓你可以與你的團隊或國家（或任何人！）一起繼續前進，而不會在出現第一個困難時棄船而去。這是我們人類自從圍著營火生活以來，共同克服障礙的方式。

研究顯示，共進晚餐的家庭有較密切的關係，大部分的原因是在於我們共進晚餐時所做的事：我們講故事，我們問彼此今天發生了什麼事，我們重演了當天的喜劇和戲劇。藉著分享這些故事，我們建立信任和關懷的關係。

這也是宗教傳遞訊息的方式。這就是我們如何藉由故事，記住寓言、人生教訓、和我們為了要成為更善良的人和照顧他人所必須做的事。故事是連接我們種種不同生活的橋樑。

歷史上每一個偉大的運動，都運用故事激勵人類為一個目標團結在一起。一九六三年我們在華盛頓特區舉行人權大遊行時，成千上萬來自不同背景的人因為羅莎．帕克（Rosa Parks）等人的故事而手攜手肩並肩，這些故事改變了人們對民權的看法——或者讓他們因為關心而願意為民權而戰。

如果你檢視企業的歷史，就會發現建立最高忠誠度的公司就是以說故事為本的公司。它們是每天用故事教育和娛樂我們的報章雜誌、電影製片公司和電視製作公司。它們藉由故事獲得並維持人們的注意力，讓許多品牌願意花費數百萬美元，在這些故事旁邊做廣告。

這些媒體公司教導我們所有未來的偉大企業都必須知道的教訓：想要人們購買你的產品，就必須讓他們關心你的故事。

比如在二〇〇〇年代後期，福特汽車因為其汽車品質不佳的傳聞而陷入困境。進口車似乎越來越好，而福特卻越來越糟，消費者感到失望，業績下滑。

所以福特用故事讓人們再度關懷。他們請紀錄片工作人員進入福特工廠，訪問在裝配線上工作和設計下一代車輛的員工。

他們對著鏡頭說：我們知道搞砸了。我們知道福特不如以往，但我們全都在努力改進，要讓我們的汽車再次卓越。因此我們要告訴你這些員工的故事，他們是你的鄰居，他們製造這些汽車，努力使這個產品再次成為你所知和所愛的產品。

這些故事消除了福特與顧客的隔閡，也讓人們關注福特和他們對未來的計畫。這一系列成為福特扭轉乾坤的長程旅途中成功的第一步。

強大的力量……

如你所知，我們對這個課題有點著迷。在歷史上，故事已經做了很多善事，它們協助我們生存，協助我們建立關係和社會，協助我們創造運動和業務。它們是使我們之所以為人的基本要素。

幾年前，我們決定作一項研究，重現賈克・普維和乞丐故事的結果。我們在Google Images 上找了兩個遊民的告示牌，並請教了三千人，如果他們有一美元可以施捨，會捐給持哪一個告示牌的遊民。其中一個告示牌是業務宣傳，請求幫助。另一個告示牌則是一則故事。

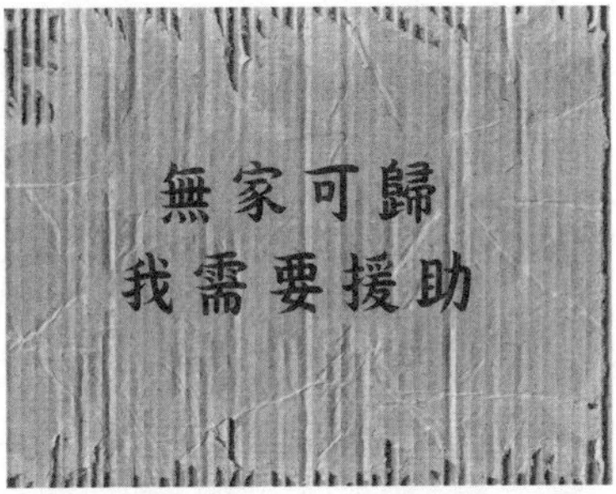

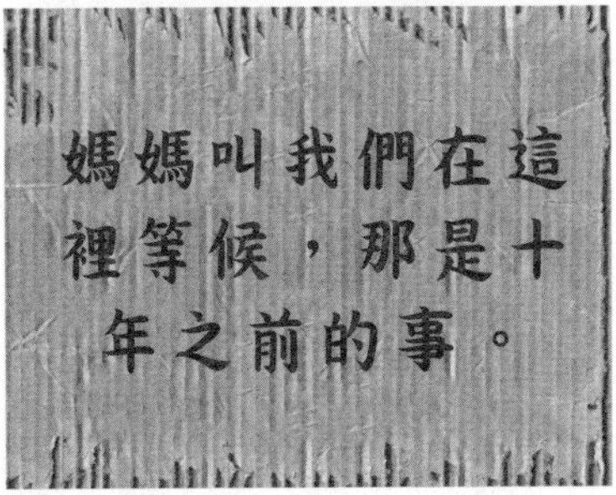

調查的結果令我們大感意外：

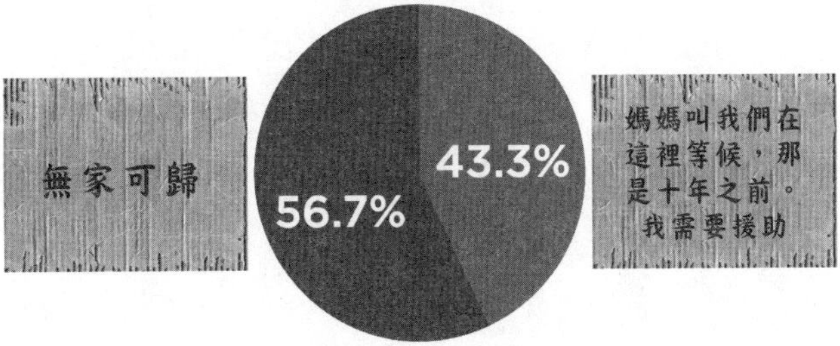

說故事的告示牌並沒有獲勝。

當然，我們的假設是故事的告示牌會獲得最多的金錢。問題只是到底這個告示牌的效率會高多少。

但後來我們更深入探究。我們要求每一位受訪者解釋他們為什麼選擇他們的答案。選擇第一號告示牌的大部分都是出於一個明顯的理由。

他們說他們選擇第一號告示牌並不是因為它上面的文字比較好，而是因為他們認為第二號告示牌不是真的。

的確，這當然不可能。沒有人會在街頭等媽媽等了十年。這個告示牌雖然悲傷，但它顯然是假的。（其實許多選擇這個故事告示牌的人都表示，他們這樣做是因為他們認為它很有趣，而不是因為他們認為它是真的！）

這說明了一個重點。雖然我們人類生來就會說故事，但我們也生來就會辨別。我們會分辨錯誤的事物。儘管故事具有偉大的力量，但騙人的故事卻可能會產生反效果。古往今來，許多獨裁者都用故事來激發恐懼和不信任——藉由分化來創造忠誠，讓人們相信錯誤和仇恨的想法。

幸好到頭來，就算你運用故事作惡，真相也終會水落石出。最後人民終會反叛。那些故事開始喪失可信度，好人回頭對抗欺騙者。

二十一世紀的人和企業在說故事時絕不能不誠實。我們必須體認，當我們用故事來建立關係時，絕對不能說謊，因為故事會產生強大而持久的影響，它們必須前後一致。你不可能一邊把保護環境的影片上傳到YouTube，一邊卻又偷偷地把廢水倒入河裡。

這並不是說我們不能用虛構的故事來建立關係。在我們的世界女王票選活動中，儘管人們知道羅琳的故事是假的，依舊投她一票。那沒關係，是因為當我們拿起哈利波特的書時，我們知道我們會得到什麼。羅琳與我們訂的合約是，她會說一個天馬行空的巫師學校故事。她辦到了這一點，她前後一致。

這讓我們回到了本章開頭的問題。為什麼我們會相信說故事的人而非君王？我們為什麼投票給羅琳，而非伊麗莎白女王？在我們的調查中，大部分人都說：「我覺得我了解她。」

而事實上，我們的確認識她。讀了七本書，翻了數千頁，我們了解了她所關心的事物，她的想法以及她所愛的人。我們對她的角色產生同理心，他們讓我們想起了我們在真正生活中關心的人。而且我們的大腦在背後運作，一起開火，一起串連，一起拚命地分泌催產素。

既然我們理解故事發揮作用的原因，本書其餘的章節就將討論它們如何發揮作用。因為如果你不知道該如何說故事，那麼故事又有什麼用處？

02

偉大故事的四元素

伊森・杭特被綁在椅子上。他身陷險境，壞人拿槍指著他妻子的頭，正從一數到十，要他說出消息，否則就會扣扳機。

「兔子腳在哪裡？！」

「我不知道！！！」杭特情緒失控。

壞人從一數到十，接著銀幕變成一片空白。

然後電影回溯到幾個月前，倒敘促使杭特被綁在那張椅子上的冒險。

要不是加州莫德斯托（Modesto）的警察這麼盡忠職守，或者該說，要不是喬治・盧卡斯（George Lucas）開車不那麼橫衝直撞，我們就永遠看不到《星際大戰》（*Star Wars*）。

在盧卡斯擔任製片人，拍出廣受歡迎的《星際大戰》前，他原本立志從軍，要成為一名美國空軍的飛行員。但他開車吃了太多超速罰單，軍方不肯接受他的申請。

他的後備方案是去上電影學校。在歷經十年的努力和無數困難後，我們看到了《星際大戰》——世界上每個人都聽過這個故事。（在《星際大戰如何征服宇宙》（*How Star Wars Conquered the Universe*）一書中，作者克里斯・泰勒（Chris Taylor）訪問了世界各地的偏鄉部落，想找出任何一個不受《星際大戰》影響的成人——結果，竟連一個都找不出來！）

人人都可以從《星際大戰》中找到一點意義。即使你碰巧是個極端（也就是說，你對科幻電影沒那麼有興趣），也不喜歡《星際大戰》，它依然至少會有適合你的地方——也就是我們所謂「偉大故事的四元素」的範本。

元素一：關聯

《星際大戰》的冒險原本就充滿了人性和趣味，但若你真想了解星戰系列最初上映的一集為什麼大受歡迎，就得明白它誕生的文化背景。

一九七〇年代的美國，才剛在與蘇聯的月球登陸比賽中取得重大勝利。這段時期的世局則動盪不安，除了越戰、社會騷亂外，還有很多難聽的迪斯可音樂。美國人懷念無憂無慮的五〇年代文化，高性能的「肌肉車」，以及貓王還很年輕苗條的「美好時光」。

盧卡斯是五〇年代美國汽車文化和懷舊風情的忠實粉絲。在第一部上映的《星際大戰》中，銀幕上呈現了他對風馳電掣、呼嘯而過機器的熱愛。片中還可看出他對一些其他事物的喜好，比如漫畫書、功夫電影和古早的太空電影《巴克．羅傑斯》

（*Buck Rogers*）的科學冒險。

盧卡斯把他所愛的這一切——一九七〇年代美國所愛的這一切，全部融合在一起，創造出《星際大戰》。黑武士達斯．維達（Darth Vader）所戴的面具以功夫頭盔為模型，他的帝國風暴兵靈感則來自功夫軍團，懸浮車就像肌肉車，而太空船則很類似美國太空總署不久後就會打造的載具。劇中服裝可能來自《巴克．羅傑斯》，故事情節則直接承襲神話大師約瑟夫．坎伯（Joseph Campbell）的「英雄旅程」概念（我們稍後會介紹）。

換句話說，《星際大戰》的宇宙是由許多人們熟悉的事物組合而成。雖然它談的是很久以前的太空生物在遙遠銀河系發生的事，但卻掌握了偉大故事的首項要素，而且也許是最重要的元素：關聯性。

我們的大腦厭惡過於陌生的事物，很難投入太過荒誕不經的故事。

反之，我們會著迷於和自己有關聯的故事。基本上，我們的地球是住滿了自戀者的大行星。

要我們接受《星際大戰》中的陌生事物——比如有外星人鬧事的外星酒吧，就得摻入一點熟悉的事物，讓我們感到熟悉，並吸引我們的關心。故事和我們的關聯性越高，我們就越有可能受其吸引。

比如網路新聞媒體 BuzzFeed 就特意運用我們對關聯性的喜愛，透過報導、吸引了無數人的注意力。

以典型的 BuzzFeed 標題來說，比如「亞裔子女會理解的二十五件事」。雖然我們不是亞裔子女，但我們看到這個報導時，就會把它轉寄給我們的亞裔朋友，他們看了會放聲大笑，然後再轉發給他們認識的每個人。最後，有成千上萬的人都因為亞裔孩子和他們朋友的這個族群而讀了這則報導，因這則報導和他們關聯匪淺，教他們非得拜讀一下不可。

BuzzFeed 也採取同樣手法報導大專院校的消息。它的網站充斥了「唯獨在史丹福才會發生的二十一件事」之類的貼文，並在全美各大學重複使用這招，因為他們知道，史丹福的學生會在臉書上分享這段影片，這則貼文會在學生和校友之間瘋傳。

BuzzFeed和其他許多當代成功網站的共同祕密是，他們並不針對各則故事中的每個人發文，而是試著與特定身分的群體建立深入聯繫，他們猜想，這些群體會大量分享這些故事。

這就是以角色為主的故事力量之所以強大的原因，也是為什麼我們最喜愛的角色往往和我們的親友或我們自己相似之故。

《星際大戰》之所以偉大，部分原因在於其豐富多變的角色組合：出身低微卻胸懷大志的孩子，冰雪聰明又憤世嫉俗的公主，心地善良的無賴，不停鬥嘴的兩個機器人C-3PO和R2-D2，以及不知該怎麼形容的伍基人（Wookiees）。我們對這些角色產生同理心，看到他們身上的一些特質，然後我們開始關心他們。

有趣的是，心理學的一個概念正好說明了《星際大戰》中這些惡棍的吸引力。縱使我們討厭故事中的壞人，但讓我們能在他們身上看到自己的惡棍，卻令我們著迷。

心理學家卡爾・榮格（Carl Jung）稱之為我們的「陰影」（shadow）。他的研究顯示，我們傾向厭惡象徵我們陰暗自我的人。

這解釋了黑武士的偉大之處。他原是好人，但卻變得非常非常邪惡。但我們知道了他的故事後，卻下意識地看到了我們對抗自己內心的殘暴，儘管不支持他，我們卻有悖常理地喜愛上這個壞人。

這也解釋了為什麼，一九七〇年代發行的《星際大戰》電影如此受人喜愛，而二〇一五年的《星際大戰》七部曲《原力覺醒》（The Force Awakens）也比一九九〇年代發行的三部前傳受到更多好評。

九〇年代的那幾部前傳引入了很多新角色和新元素，但他們感覺太陌生了。恰恰賓克斯（Jar Jar Binks）、格里弗斯將軍（Grievous），杜庫伯爵（Dooku）——新情節太多，發展速度太快，一切都同時發生。他們試圖放進這幾部電影中的懷舊情感太勉強；因為它不自然，所以難以產生關聯性。安納金童年時期打造 C-3PO 的背景故事太過笨拙——安納金成年後，這個機器人會參與偷竊死星超級武器的計畫，這樣的安排並非懷舊的反差，而是老套。

在二〇一五年發行的《星際大戰》七部曲《原力覺醒》中，盧卡斯影業公司帶回了原先的角色、舊有的主題並模仿原作的主要情節。雖然許多影評人認為它太像原作，但我們觀眾卻共同為它創造了十億美元的票房。

這是一則很好的提醒：能讓我們與自己的過去聯繫起來的故事，我們才會產生興趣。

元素二：新奇

若你讓人把頭放在掃描器下，並向他們展示他們從未見過之物，就能看到他們的大腦發亮，且遠比你向他展示他曾見過的事物時還亮得多。

這是因為我們的大腦會對新奇的事物起反應。演化上，我們會注意新事物，這是因為我們得確定它是否為威脅。這又是我們生存機制的一環。

當然，太新或完全陌生的東西可能會嚇到我們。我們的大腦遇到新奇事物時會提高警覺，準備戰鬥或逃跑。

成功的故事以關聯性吸引我們，以新奇保持我們的興趣。它們通常藉由我們可能關心的角色或場景、情境，讓觀眾感到自在，然後在情節中引入新奇有趣的元素。

再回頭看一下《星際大戰》。

我們從路克天行者（Luke Skywalker）的卑微出身開始，他待在一個無趣的沙漠星球上，擔任溼氣農場的農夫，工作一成不變，但卻突如其來地被推入冒險。隨著冒險的展開，我們潛入了越來越陌生的領域，一

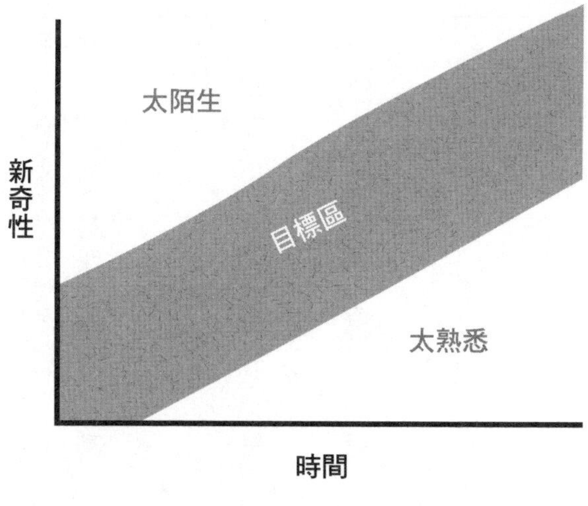

切十分刺激。

保持關聯性和新奇性的平衡至關緊要。如果我們太快陷身新奇的事物，得出的就是一九九〇年代的《星際大戰》，發生太多新事物，讓我們不禁要問自己：「到底發生了什麼事？」「這和我有什麼關係？」

同樣地，如果故事不夠新奇，我們的注意力也會佚失。

現在你可能會疑惑：如果新奇性對精彩的故事來說那麼重要，為什麼好萊塢會出現如此多續集？

我們也有同樣的疑惑。我們是否漏了什麼？電影原作的關聯性是否重於不同發展的新奇性？

我們仔細研究了最近六百部電影續集，想找出答案。

（請準備聽聽宅男的離題報告！）

由電影人氣資料來看新奇性

好萊塢第一部電影續集《一個國家的衰亡》（*The Fall of a Nation*）於百年前問世。此後，製片廠一直不停地推出續集，有些續集表現很好，比如一九七四年贏得奧斯卡最佳影片的《教父II》（*The Godfather Part II*），以及一九八〇年打破票房紀錄的《帝國大反擊》（*The Empire Strikes Back*）。這鼓勵了更多電影製作續集。

時間快轉到二〇一六年，在新年和紐約春雪融化期間，已有十幾部電影續集，包括《名模大間諜二》（*Zoolander 2*），《一路前行二》

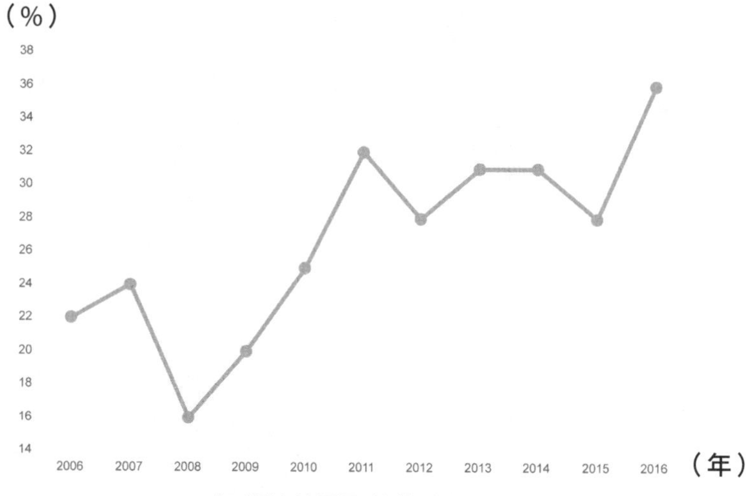

好萊塢的電影續集比例

（*Ride Along 2*），《臥虎藏龍二》（*Crouching Tiger Hidden Dragon 2*），《叛逆無罪二》（*SLC Punk 2*），《葉問三》（*IP Man 3*）和《功夫熊貓三》（*Kung Fu Panda 3*）。到了十一月，戲院已放映了三十五部主要的電影續集。

有趣的是，二〇一六年的主要電影續集中，四分之一在第一集放映十多年後才發行。這種很晚才發行的續集數量年年增長，意味著製片公司不是找不出創意靈感，就是越來越覺得續集是良好的投資。

所以，續集比原作更好嗎？本節的前提是新奇性勝出，因此我們假設上述問題的答案是否定的。但為什麼我們繼續製作續集呢？

評斷電影是否成功，最常見的統計數據是票房收入。但以門票銷售作為質量指標卻有兩個問題，第一，獲得影藝學院提名的金像獎最佳影片從來不是票房最好的影片。多數獲得金像獎的電影，票房收入連前五十名都排不上。

不過暫且先別談這個。

更大的問題是，收入往往取決於行銷。比如，為賺了很多錢的電影拍續集時，若行銷預算更高——就可能帶來很好的票房。在重要的續集電影上花費更多預算是相當安全的賭注，只是票房收入顯示，儘管續集的行銷預算增加，利潤卻有持續下降的趨勢。儘管理論上，花更多經費宣傳電影應會使電影更成功，但更高的預算往往不會帶來更多淨利。

讓我們來看看，我們記錄的六百部電影續集（包括從二〇〇六年至二〇一六年的每部續集，再加上前面數十年的幾百部續集）。平均而言，系列電影中的第一部續集比原作的票房更好，但如上面的分析所示，這不表示續集的利潤更高。系列電影中的第二部續集所賺的錢往往比第一部續集少。老片重啟，比如二〇〇九年的《星際爭霸戰》（*Star Trek*），票房通常會比先前還好。

然而，這些只是平均值，且會因為一些例外情況而扭曲。若以中位數來看就會發現，一般的續集包括重拍，在戲院上映所賺的錢比原作還少得多。

事實上，少了20％至40％！

儘管續集賺的錢通常比原作少，但平均來說，仍比一般電影多賺很多。

IMDB 影視資料庫對電影續集的平均評分，按年分
（每年續集電影與原作相比後所獲的評分）

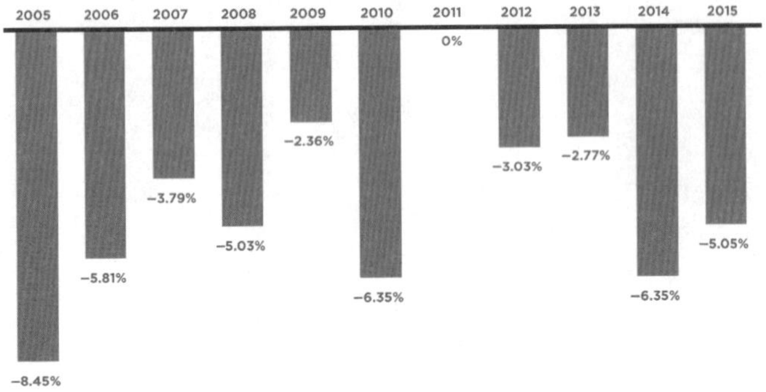

何以如此？若說一般續集都比原作糟糕，那為什麼續集會比原作更賺錢？這些資料其實已經說得很清楚：唯有原作大獲成功時才會拍續集。

儘管原創電影要大受歡迎的機會很小，但拍攝現有賣座電影的續集，很可能會受到關注。

在電影業這行，續集就是更保險的賭注。然而，正如我們先前提到的，票房未必與品質相關。讓我們來看看，買票看電影的觀眾對續集的感受。**（上圖）**

這裡的答案很清楚了：我們對續集的喜愛不如原作。雖然花錢買票看續集，但我們對老

調重彈的故事卻不如對原作的喜愛。這在好萊塢是眾所皆知的事實，因此《龍虎少年隊》（*21 Jump Street*）的續集，也就是二〇一四年推出的《龍虎少年隊二》（*22 Jump Street*），整個情節就是「續集只是複製同一個故事」的自我參照。換句話說，老調重彈的續集系統在好萊塢已根深柢固，《龍虎少年隊二》整部電影都在取笑這個觀念，但反而非常成功。

但那些異數又怎麼說？《王者再臨》（*The Return of the King*）和《原力覺醒》等像原作一樣吸引人，甚至更引人入勝的續集？細看這些異數你會注意到，續集往往分為兩種明顯的類別。最差勁的續集主要是原作的重複——類似的情節，類似的笑話，基本上是九十分鐘的懷舊。但最佳的續集往往建立在強大的故事情節之上。它們不是續集；它們是傳奇。

事實證明，作為傳奇一部分的續集和原作一樣受人欣賞。它們的評價與原作一樣好。而老片重啟通常比舊版本獲得更多好評。我們喜歡新！只是我們不喜歡重複。

最近，南佛羅里達、賓漢頓（Binghamton）、德州聖安東尼奧（Texas San Antonio），德國明斯特（Münster）和瑞士洛桑（Lausanne）等大學的教授進行了一項關於創意的研究，說明為什麼我們喜歡這種持續故事情節的傳奇，而非重複。研究人員的結論是，觀眾喜歡持續進行的故事情節，能融合教人安心的熟悉角色和新鮮冒險的刺激。換言之，我們想要新奇，但我們也需要關聯性。

根據這個研究，最好的故事會不斷地細心平衡這種動態。改變如果太大，觀眾就會反感，但若一切保持不變，觀眾就會覺得無聊。

最成功的電影總是突破新局——《亂世佳人》（*Gone with the Wind*）、《大國民》（*Citizen Kane*）、《星際大戰》、《侏羅紀公園》和《阿凡達》。如果你正在拍電影，你的確可能以非原創的事物創下票房，但人們不會喜歡它。在講故事這行，新奇創造出最大的贏家。

元素三：張力

電影《不可能的任務III》開頭有一景，湯姆・克魯斯飾演的主角伊森・杭特（Ethan Hunt）被綁在椅子上。他身陷險境，壞人拿槍指著他妻子的頭，正從一數到十，要他說出消息，否則就會扣扳機。

「兔子腳在哪裡?!」

「我不知道！！！」杭特情緒失控。

壞人從一路數到十，接著銀幕變成一片空白。

接著電影回溯到幾個月前，倒敘促使杭特被綁在那張椅子上的冒險。

申恩頭一次看這部電影時，原本要在電影開始時上洗手間，卻因為這場戲而決定忍住。他絕不能錯過這段情節。

那個故事——申恩忍著沒去上廁所的故事，說明極其有力的事物，那就偉大故事的第三個元素：張力。有人稱之為衝突，有人稱之為「好奇心缺口」（curiosity gap）。無論你怎麼稱呼它，張力都是化好故事為偉大故事的關鍵。

歷史上最精彩的故事都有這個要件：情感拉力、神祕、如果……會怎麼樣、「令我不敢置信！」這個元素讓我們緊緊黏在座位上，無論多想上廁所。

若要寫下史上最糟糕的愛情故事，可能會如下：「傑克和吉兒從小就是鄰居，兩人是青梅竹馬，長大後決定結婚，因為，為什麼不呢？這麼做理所當然。兩家人彼此認識，且每個人都很好。」

要是我們在電影院看這部電影，恐怕一有尿意就會離席，並且還會要求退錢。這部片子沒有張力與困難，沒有起伏，一切都……好，好無聊。

與無聊的愛情故事相反的是羅密歐與朱麗葉。這則經典故事之所以成功，是因為劇中角色遭逢種種挫折。他們的家庭相互憎恨，他們得保持相愛的祕密，雙方都願意為彼此犧牲才能在一起。許多事都可能出錯——且的確出了錯。這一切的張力讓這個故事特別有力。

早在《星際大戰》之前，亞里士多德就說過，緊張如何構成精彩的故事。他說，精彩的故事先確立了現況是什麼，然後確立可能發生什麼事。兩者之間的差距就是張力，這就是你的故事。說故事者的工作就是縮小差距，並開啟新的差距，一次又一次，直到故事結束。

《星際大戰》當然充滿了緊張感。雖然這是一個家族的系列電影，但卻不是平穩順遂的故事。

壞人是家族成員，他們炸毀了行星。在《星際大戰》每一集，幾乎都有你愛的人會死，這就是故事精彩之處：你不知道會發生什麼，不知道誰會成功。這些角色如此渴望他們的目標，但情況又困難重重，因此你非繼續看下去不可。在死星攻擊的那個場景，絕對沒有人會離席去上洗手間。

而且在每部曲結束時，我們都會微笑。

即使結尾驚心動魄，我們的大腦也會開心。我們發出鬆了一口氣的嘆息，在管弦樂團演奏，片尾工作人員名單飄浮在銀幕上時，我們的心律變得平靜。

《星際大戰》中的張力讓我們持續置身於現實世界不存在之處，讓我們的大腦釋出神經化學物質，讓我們對劇中角色產生共鳴。

當然，這就是說故事的意義所在。

元素四：流暢

前一段日子，我們和一些朋友談到如何成為更好的作家。該怎麼做才能寫得更巧妙？如何才能提高作品的老練世故？

出於好奇，我們把一些自己的作品輸入自動化閱讀水準計算器，結果很驚訝地發現，申恩的作品是八年級的閱讀水平，喬也一樣。這可不妙！

接著又出於好奇，決定把大作家的作品也輸入自動化閱讀水準計算器。結果出人意表，非常有趣。

我們發現，如果輸入海明威的作品，得到的是四年級的閱讀水平。輸入戈馬克·麥卡錫（Cormac McCarthy），J·K·羅琳和其他已售出千萬冊書籍的作家作品則會發現，他們全都以非常低的閱讀水準寫作。

這讓我們大感困惑。我們把 Kindle 閱讀器中的所有作品都輸入計算器中。我們做了一堆圖表，研究了報章雜誌及以偉大聞名的作家作品。

結論很簡單，只是一開始頗教人意外：在既定主題中最受歡迎的作家，其文章的平均閱讀水準都低於他們的同輩。能以科學為題材，並把文章簡化個幾級閱讀水準的作家，往往比以科學水準寫作的作家更成功。

這不僅適用於造句；這是我們精彩故事的第四個元素。我們稱之為「流暢」。

這正是申恩最喜歡的其中一位新聞老師常說的原則：「偉大的寫作能讓你快速前進。」

她說得對。精彩的故事不會讓你思考它所用的文字或故事本身的結構。偉大的說故事者會以不強迫你思考用字遣詞的程度來說故事。你專注在所發生的事，即使偶爾會碰到不懂的詞彙。偉大的說故事人——無論在影片、文字或口頭敘述中，都會以關聯性、新奇和張力來吸引你。接著，他們會以你不必去思索其他任何事物的方式說故事。

再一次，《星際大戰》又做到了這點。

盧卡斯總說，他希望他的影片中有運動感。他希望觀眾看他的電影時，不要放慢速度，思考正在發生的事情。

有趣的是，《星際大戰》雖然掌握了這一點，卻不是盧卡斯的作為，而是他當時的妻子瑪西亞．盧卡斯（Marcia Lucas）和其他兩位剪輯師理查．周（Richard Chew）和保羅．赫希（Paul Hirsch）的功勞。他們以快速剪輯和快速轉場（transition），把影片組合起來——先前幾乎沒有電影曾經嘗試過這種技術。在《星際大戰》之前的科幻片中，鏡頭持續的時間更長，動作也更慢，其中有許多漫長的停頓。但《星際大戰》改變了遊戲規則，其情節迅速推展，拉著觀眾穿過旅程。這三位剪輯師贏得了金像獎，也使快速剪輯大受歡迎。

流暢，或低閱讀水準優於高閱讀水準的觀念，或把電影分割為極高效能的鏡頭，聽起來雖然有點不合常理，但說故事的意義並非為了強迫聽眾絞盡腦汁，而是讓他們專注在人物、緊張及與主題的關聯上，讓他們的大腦可以吸收資訊。

這同樣也是一九九〇年代那幾部《星際大戰》前傳電影反應不佳的緣故。它們的動作很快，是的。但它們不流暢，教人看得很困惑。

我們最近和一位從未看過《星際大戰》的朋友一起重看了所有《星際大戰》的影片，在觀賞那三部前傳時，她一直問東問西。這是誰？這是怎麼回事？她得思考情節。她不知道恰恰賓克斯到底是誰，或為什麼他說話就像吸入氦氣球後的牙買加版吉伯特．戈弗雷（Gilbert Gottfried）。但觀賞其他那幾集時，她卻不必每隔五分鐘就提問。她理解這個故事，她全神貫注。

無論我們是在推特、書籍或部落格、電視上貼文，還是僅僅在酒吧裡和朋友講述我們的故事，都應該讓我們的每段故事盡可能流動到下一段落。不會有人為了我們的故事如何流暢而恭維我們——但這正是重點。當你能流利地說一種語言時，人們只會注意到一件事：你所說的內容。

03

磨練說故事的技巧

小時候，班傑明．富蘭克林以航海為志，這讓他的父親很擔憂，父親特別帶他一起到波士頓旅行，考慮其他不致遭逢海難的行業。

小富蘭克林很快就找到了他喜歡的東西：書。父親也迫不及待地把兒子送進印刷店當學徒。

為了在文字上出人頭地，他設計一套系統，他收集多期刊登當時全英國最佳文章的文化政治雜誌《觀察家》，拆解其文章，並分析其中技巧。他按句子做筆記，將它們放置一段時間，然後試圖在不看原文的情況下，自行重創句子。

本書後半部是談企業（和經營團隊）如何以種種方式運用說故事的方法，但進入後半部之前，我們要先討論一些永不過時的事物，那可以協助任何人更進一步了解和創造精彩的故事。

在我們這行，常聽到很多人說：「我又不是海明威。」如同上一節讀到的，我們也不是！

但那並不要緊。不一定要成為海明威才擅長說故事。說故事是我們人類的天賦。只要你有人類的ＤＮＡ，就天生會說故事。可惜有些人太早就放棄了這個能力。

本章將協助你了解精彩故事的一些模式。一旦了解了它們，就更容易分辨出你生活中的好故事和壞故事，下回你和同事一起上酒吧時，恐怕就不會再說出蹩腳的故事了。

說故事的共通框架

看看你能否猜出以下這是什麼故事。

我們的主角出身卑微，他們回應冒險的召喚，離家走出自己的舒適區，接受一位充滿智慧的老導師訓練，然後繼續展開偉大的旅程。一路上他們面對壞人，幾乎失去了一切，但最後還是成功了，他回到家裡，一切已經有所改變。

我們談的是什麼故事？是《星際大戰》？《哈利波特》？《飢餓遊戲》？《奧德賽》？《駭客任務》？其實全都包括在內。

這是一種說故事的公式，名為「英雄的旅程」（Hero's Journey），它來自作家約瑟夫．坎伯，且處處可見。它是最能建立關聯性的故事情節，因為它基本上反映了我們自己人生的旅程。了解英雄的旅程可以讓你深入明白如何建構自己的故事，無論是關於你公司的真實故事，還是激發你想像力的虛構故事。

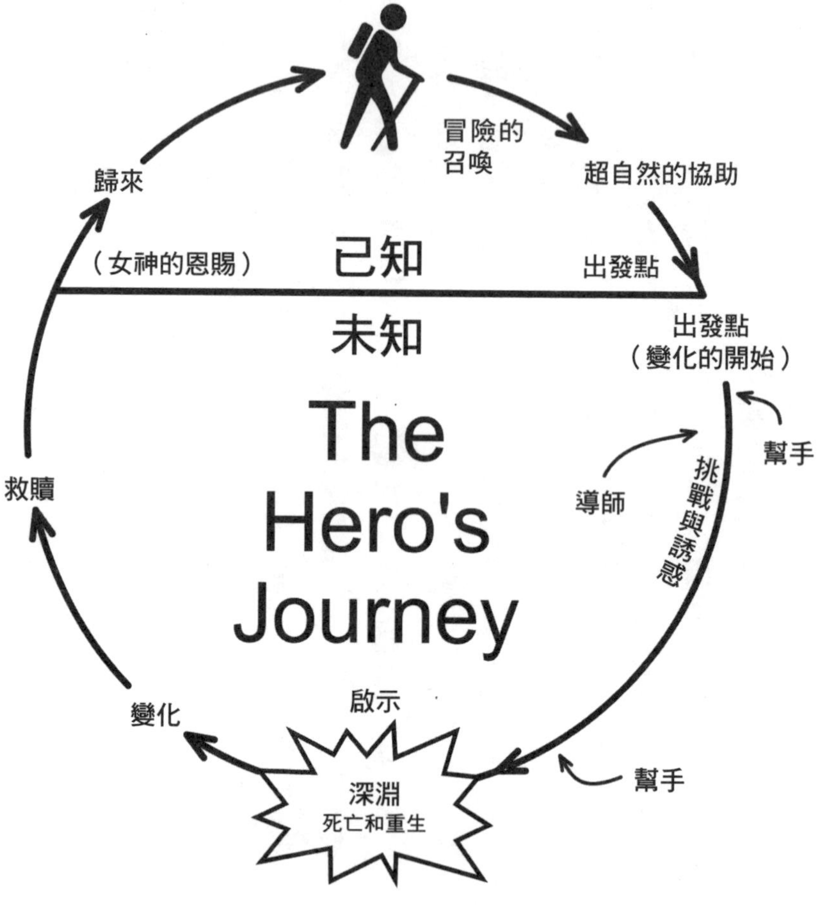
冒險的
召喚
超自然的協助
出發點
已知
（女神的恩賜）
歸來
未知
出發點
（變化的開始）
幫手
導師
挑戰與誘惑
The Hero's Journey
救贖
變化
啟示
深淵
死亡和重生
幫手

右圖一步步分解了這個「英雄的旅程」的公式。

我們從一個普通的世界開始。一個平凡的角色受到冒險的召喚，起初拒絕，但後來遇到一位睿智的導師，他訓練他們，並說服他們參與這場冒險。接著，他們有了一些歷練，他們結交盟友，也樹立敵人。他們進行最後的戰鬥，差點落敗，但到頭來卻憑著自己的力量成功。他們返回家園，受到了恰如其分的英雄式歡迎，並因這段旅程而有了改變。

讓我們從有史以來最偉大故事的觀點來探討這一點。是的，我們談的又是《星際大戰》。讓我們從這部電影的大綱，看看它與坎伯所說的模式有多吻合：

第一部問世的《星際大戰》影片由相當平凡的角色路克．天行者開始。他住在一個沙漠星球的農場裡。一天，他遇到了一些需要幫助的機器人。他們要尋找住在當地的一位隱士，名叫歐比王．肯諾比。路克帶機器人找到了肯諾比。肯諾比說，「路克，你必須離開，去協助拯救宇宙。」路克起先說：「不，我在這裡還有許多事要做。」但肯諾比成了路克的導師，他說服路克相信他該去。肯諾比訓練路克如何使用光劍，讓路克展開漫長而艱難的太空探險。

旅途中，路克遇到了壞人——黑武士維達。他與邪惡的帝國風暴兵戰鬥。他結交了朋友：韓．索羅、丘巴卡、莉亞公主。接著，他又要協助擊敗超級武器——死星。幾乎一切都出錯了，但到頭來路克終於炸毀了死星。這部電影的最後一幕是莉亞公主把一塊金屬掛在他的脖子上，並吻了他的臉頰。如今，他來到自己的新家，一切面目一新，並受原力的強大力量鼓舞。他可以在未來的冒險中使用這種力量。

這就是英雄的旅程——以各種方式做了一點改變。我們在古往今來的故事中一再看到這種主題。這個簡潔的版本正是我們由亞里士多德學來的張力模式。故事裡有個平凡人（現狀），也有未來的冒險（未來的可能）。從前者到後者的轉移就是旅程本身。

在企業中，個案研究就是行銷人員以這種故事來銷售產品或服務的常見方式。（只可惜多數故事都不如《星際大戰》這麼精彩有趣。）個案研究說的就是客戶的現狀，和他們想達到的目標——張力！之間的故事，以及他們如何克服這種差距。

如果你收聽過播客（podcasts），就會知道多數廣告都說過這個故事。其中最常見的一個廣告是哈瑞刮鬍刀（Harry's razors），它說明了「傑夫和安迪這兩個平凡人物受夠了到藥房花大錢買刮鬍刀，於是決定自己買下工廠，出售平價刮鬍刀的故事。」

多數品牌故事的問題在於，它們要不是沒有充分運用講述偉大故事的四個要素，就是沒有引導我們走完足夠的英雄旅程步驟，並吸引我們的注意力。

這就是這些框架如此有用的原因。在我們說故事或試圖傳達訊息時，它們是確保我們更具創造力的簡單方法。

這有點像俳句：如果我們要求你當場作一首詩，你可能會絞盡腦汁。但若要寫出關於《星際大戰》的俳句，你很可能辦得到。這個框架可以協助你發揮創造力。

另一個偉大的故事公式來自喜劇寫作。它以類似的方式開始：有個角色原本處於舒適區，但他們想得到一些東西，因此進入了陌生的情境。他們適應後，終於得到所尋找的目標，但卻付出了沉重的代價。最後他們又回到原本的處境，只是情況已有所不同。

《歡樂單身派對》（*Seinfeld*）幾乎每一集都有這樣的情節。

例如：在該節目第六季，喬治收到一頂假髮。這是個不熟悉的新情況，但他很喜歡這頂假髮，很快就適應了。只是，他一得到想要的目標，就開始趾高氣揚。他和一名女子約會，表現得像個傲慢的混蛋。

結果他發現，他的約會對象一掀開帽子，其實也禿頭。喬治對此十分粗魯無禮，惹惱了她，也惹惱了他的朋友。伊蓮對他嚷道：「你看出這裡的諷刺嗎？你拒絕某人，因為她禿頭！但你自己也是禿頭！」接著，她一把抓起喬治的假髮，把它扔出窗外。一名流浪漢撿起它來戴上。

第二天，喬治又覺得一切都恢復正常了。他告訴傑瑞：「她把那頂假髮扔到窗外時，是這輩子發生在我身上最好的事，我覺得自己又像以前一樣了，完全低能、徹底沒安全感、疑心病、神經質，這是一種樂趣。」

他還宣布要繼續和禿頭女人約會。他回頭向這名女子道歉，沒想到她告訴他，她只和瘦子交往。

因此喬治回到家裡，但他已有所改變。他現在一如往常禿頭，但他得到了教訓。（不過因為這是《歡樂單身派對》，所以下一集他又故態復萌。）

這兩種旅程是我們所有人在人生、工作和家庭中都會經歷的旅程。說故事的你可以採用這些旅程公式來塑造情節，充分發揮你腦海裡的創造力。

提升說故事技巧的富蘭克林法

小時候，班傑明・富蘭克林（Benjamin Franklin）以航海為志，讓他的父親很擔憂，因此他倆一起到波士頓旅行，考慮十八世紀其他不致遭逢海難的各種行業。小富蘭克林很快就找到了他喜歡的東西：書。他父親迫不及待把兒子送進印刷店當學徒。

富蘭克林後來成了備受尊敬的政治家、成績斐然的發明家，也是美國歷史上最具影響力的思想家之一。他把這一切歸功於當年在印刷店的大量閱讀，和他所磨練出的嚴謹寫作技巧。

富蘭克林並非天生就是學者。其實他在自傳中，也遺憾少年時期寫作技巧不如人，數學更是一塌糊塗。為了在文字上出人頭地，他設計了一套系統，希望在沒有家教協助時，也能掌握作家的訣竅。為此，他收集了多期刊登當時最佳文章的英國文化和政治雜誌《觀察家》（*The Spectator*），拆解其文章，並分析其中技巧。

他寫道：

> 我拿了一些文章，在每個句子中做出簡短的觀點提示，把它們放幾天，然後在不看書的情況下，以眼前任何適當的詞彙，完全按它先前表達的方式，表達每個提示的觀點，嘗試再次完成這些文章。

基本上，他按句子做筆記，將它們放置一段時間，然後試圖在不看原文的情況下，自行重創句子。

接著，我再比較我寫的《觀察家》與原作，找出我的缺點並改正。

我發現我需要一些辭彙，或需要能隨時想到並運用它們的能力。

經比較後他發現他的辭彙不足，且他的文章類型太少，所以他又做了同樣的練習，不過這回，他並非直接對他所模仿的文章做筆記，而是把它們寫成詩。

我把一些故事變成韻文；一段時間後，等我差不多忘記原文時，

再把它們還原為散文。

隨著他提高模仿《觀察家》風格寫作的技巧，他也提高了對自己的挑戰：

我有時也會把我的提示混在一起，放置幾週後，再把它們按最好的次序排好，然後再寫出完整的句子並完成文章。這是為了教我安排思路的方法。

他一遍又一遍地這樣做。相較於多數作家用以改善技巧的被動方法（大量閱讀），富蘭克林的作法迫使他注意到區分中規中矩的文章和偉大文章的微小細節：

藉著把我的作品與原作相較，我發現也改正了許多錯誤；但有時我會很高興地看到，我在某些重要細節中，有幸能改進方法或語言，這鼓勵著我，我也認為自己終有可能勉強成為英文作家。

他說，自己「勉強可成為英文作家」是謙詞。在這段短短的期間內，少年富蘭克林成了新英格蘭最好的作家之一，不久後，也成了傑出的出版商。

申恩很喜歡這個故事，因為在他接受記者培訓時，也不知不覺做過非常相似的事——且他撰寫第一本書時也是如此。他坐下來研究他最喜歡的作家——喬恩・朗森（Jon Ronson）、奧斯卡・王爾德（Oscar Wilde）和J・K・羅琳。在這裡加上羅琳似乎有點奇怪，但她的作品確實有偉大文章的標誌：它讓你加速向前。他不止閱讀他們的作品，也研究他們的句子，並神經兮兮地製作了關於他們的電子表格。

在他初任記者時，曾一行行地研究《紐約時報》的報導：長度、種類、詞性、導言和標題。他會拿著報紙和一疊白紙坐下來，重寫報上的報導。在他寫作第一本長篇作品——暢銷書《聰明捷徑》（*Smartcuts*）時，他找出了他最喜歡的書，製作了電子表格，了解這些作者在各個篇章如何起頭，如何在各場景間建立緊張，如何整合研究和對話，如何措詞等。他把他最喜歡的金・溫加騰（Gene Weingarten）★專題

譯注 華盛頓郵報記者，兩獲普立茲獎。

報導文章一句句拆開，研究他使用（或不用）形容詞的作法。然後再以不同風格寫出句子或段落，試圖重新創作他偶像的作品。「羅琳會怎麼寫這一段？」「溫加騰會怎麼寫？」

透過這些練習，他終於達到了勉強算是英文作家的程度，能以自己喜歡的工作為業。

但更重要的是，就像富蘭克林一樣，成為更好的作家和寫作的學生後，他變得更加虛心學習一切。良好的閱讀和寫作能力可使你更有說服力，讓你好好學習其他學科，並對任何工作都能更有效地提出批評與回饋。在為 Contently 徵才時，我們對求職者的第一印象，便深受其電子郵件清晰度的影響。

富蘭克林透過《觀察家》來練習，以提升寫作能力後，他終於能自學數學，他說：

我在學校裡學算術兩度失利，後來有幾回因為對數字無知而失了

顏面，如今終於能拿出《柯氏算術課本》，自己輕鬆讀完了整本書。

富蘭克林學習寫作的祕訣或許與麻省理工學院的教授西摩・帕博（Seymour Papert）其知名研究不無相似處：兒童以堆砌樂高積木的方式學習，會比聽建築課更有效。研究微小的部件不僅能加快學習，自行組裝這些部件的行為也有極大影響。

汙泥報告

申恩求學時，有位教授每天早上都會在白板上抄一段同學寫的作業給全班看。這些作業中，一半以上都是申恩的任品。

老師稱之為「汙泥報告」（Sludge Report）。

老師提出的挑戰是要把白板上討論的段落縮短一半，刪除「汙泥」，也就是累贅的單字和片語。這成了我們要成為作家前，自我編輯過程的基礎。每當我們寫作時，看著每個句子都會自問：「該怎麼以更少的文字說明論點？」無論你是為平面或網路寫作，或只是口頭說故事，定期製作自己的「汙泥報告」，都有助於你提高效率。

讓我們以一個實例說明該如何進行。以下為我們在Contently部落格貼文的草稿：

這種差異可能是來自於推特已成為類似媒體回音室這個事實的結果。即使與臉書、Instagram和Pinterest等平台相比，推特已有一點褪色，但光是看媒體能否保持推特的競爭力，也會很有趣。

現在挑戰來了。我們該怎麼做，才能把這段文字減為一半長？在第一句中，我們不需要「事實的結果」，可以只用「因為」。

> 這種差異可能是因為推特已成為類似媒體回音室。即使與臉書、Instagram 和 Pinterest 等平台相比，推特已有一點褪色，但光是看媒體能否保持推特的競爭力，也會很有趣。

接下來：「推特已成為類似媒體回音室」。我們並不需要「類似」，而且這個詞削弱了句子的力量。

> 這種差異可能是因為推特已成為媒體回音室。即使與臉書、Instagram 和 Pinterest 等平台相比，推特已有一點褪色，但光是看媒體能否保持推特的競爭力，也會很有趣。

現在：「推特已有一點褪色」。我們不需要「有一點」，它已經褪色了。

這種差異可能是因為推特已成為媒體回音室。即使與臉書、Instagram 和 Pinterest 等平台相比，推特已經褪色，但光是看媒體能否保持推特的競爭力，也會很有趣。

現在：「像臉書、Instagram 和 Pinterest 這樣的平台。」我們已經知道它們是平台，所以可以把這個詞去掉。

這種差異可能是因為推特已成為媒體回音室。即使與臉書、Instagram 和 Pinterest 相比，推特已經褪色，但光是看媒體能否保持推特的競爭力，也會很有趣。

「看媒體能否保持推特的競爭力，也會很有趣。」這個句子可以重組，把它縮短：「看推特如何競爭會很有趣。」

> 這種差異可能是因為推特已成為媒體回音室。即使與臉書、Instagram 和 Pinterest 相比，推特已經褪色，但看推特如何競爭會很有趣。

現在我們已經縮減了這段話將近一半。

如果想讓它更簡潔，我們該怎麼辦？讓我們再次進行汙泥報告的程序。

「這種差異可能是因為推特已成為媒體回音室。」這句還可以。但我們可以去掉「即使與臉書、Instagram 和 Pinterest 相比，推特已褪色」，而只是簡單地用「看它如何與其他平台競爭會很有趣。」

> 這種差異可能是因為推特已成為媒體回音室。看它如何與其他平台競爭會很有趣。

現在我們已經用原始段落一半的文字，說出相同的內容。

你會注意到我們把推特改為「它」。歐威爾說：「當你可以用短字的時候，為什麼要用長字？」去除汙泥就是盡可能地使用較短的字。

你不必在說故事時顯得很聰明。正如我們之前所說，更重要的是，你的故事易於理解，並加快讀者的速度。

我們向你挑戰，不妨親自嘗試一下。下回你寫文章時，逐段檢查並自問：「該怎麼把這段文字縮減一半？」

運用汙泥報告法，就可以提升你所創作之任何事物的品質，讓你的觀眾專注於真正的重點：故事。

04

運用說故事改變業務

奇異的資深行銷副總貝絲·康斯托克面臨一個巨大挑戰。當時全球經濟陷入困境，公司股價暴跌。社會公認這家公司反應遲鈍，與社會脫節。康斯托克認為這種名聲太荒唐。

康斯托克和她的團隊推出一個名為「奇異報告」的部落格，記錄公司在全球各地創新——從大腦掃描儀到高速列車背後的故事。

奇異報告的內容使求職者增加了 800%，讓公司在紅迪（Reddit）上成為科學怪咖的最愛，也使其股價上漲了四倍多。

二〇〇八年，奇異（General Electric，簡稱GE，或譯通用電氣）的資深行銷副總（不久擔任行銷長）貝絲．康斯托克（Beth Comstock）面臨一個巨大挑戰。當時全球經濟陷入困境，公司股價暴跌。社會公認這個公司反應遲鈍，與社會脫節。

康斯托克認為這種名聲太荒唐。奇異公司製造的產品包含舉世最教人振奮的發明，從噴射引擎到太陽能發電機都包括在內。公司如初創公司的企業文化十分獨特——這在《財星》五百大企業中十分罕見。公司要維持愛迪生在一百三十年前灌輸的發明精神，這是公司承諾的一部分，只是公司以外的人都不知道這一點。康斯托克明白，這點需要改變。

但該怎麼做？她了解到，答案在於他們在講述自己故事方面必須做得更好。

在先前的二十八個月裡，康斯托克在曾推出《侏羅紀公園》和《超級製作人》（*30 Rock*）等影視節目的NBCU（NBC Universal）公司負責數位營銷。康斯托克認為，也許可借鏡於NBCU的作法來改變奇異公司的聲譽。奇異不該像行銷人員一樣思考，而該以媒體公司的角度思考，如同一個說故事的人，如此一來或可解決它的問題。

康斯托克和她的團隊開始著手進行。他們推出了一個名為「奇異報告」（GE Reports）的部落格，記錄公司在全球各地創新——從大腦掃描儀到高速列車背後的故事。他們與藝術家合作，以噴射發動機的聲音製作EDM（電音舞曲），並製作關於奇異經典發明的大眾科學紀錄片。康斯托克的團隊也讓奇異成為第一個在新社交管道上創建內容的大品牌——從Pinterest到Periscope。他們製作了六秒鐘的科學實驗影片和關於重力的搞笑清單體（listicle）文章★。

在康斯托克指導下，說故事不分公司內外，成為改變公司聲譽的力量。它展示了奇異公司的創新，並請股東和顧客重新把公司想像成領先的科技公司，而非老式的電力公司。該公司之所以在經濟不景氣後旋乾轉坤，這點發揮了關鍵作用。

在像奇異這樣龐大的公司裡，要實現這項目標並非易事。在某些大企業中，光

譯注 指以數字羅列清單為主要文章格式。

是要公司批准臉書上的貼文，就需要二十七位律師和一部傳真機。那奇異是怎麼做到的？

如果你和我們有相同的經驗，你就知道大企業的預設模式以安全穩妥為重。這不是因為缺乏創造力，而是因為創造力本身就存在風險。如果嘗試新事物可能砸了飯碗，為什麼還要做它？可是問題在於：如果就如我們先前所學到的，偉大的故事需要新奇，那它就是要求我們走出舒適區。我們必須承擔風險，而不是擔心會失去工作。

在偉大科學故事的偉大前鋒——報紙和雜誌正在衰退和削減員工之際，康斯托克為奇異公司的故事實驗室提供了資源和自由，填補了創意的空間。若你和任何曾與她共事的人談談，他們告訴你的第一件事就是這個。

「實驗的自由和對失敗的寬容，」康斯托克的徒弟，也是奇異公司現任行銷長琳達．博夫（Linda Boff）告訴我們：「貝絲不僅是寬容。她是創新者，且真正支持我們。正如她告訴我們的，她對一個問題很著迷：我們如何讓公司保持新鮮感？

我們如何確定我們維持關聯性、與時俱進，且對新的受眾有意義？」

不僅執董會感受到這個願景，它也一路向下，傳達給說故事者本人。請聽聽看瑪莉莎．拉芙斯基．沃爾（Melissa Lafsky Wall）的說法，她是協助推出《奇異報告》的資深編輯和內容策略師：

「貝絲有遠見。奇異有遠見。這是個令人興奮的地方。我先前工作過的每個企業，感覺都像死了一樣──『這本雜誌即將停刊』、『雖然我們努力工作，但這裡沒有未來』──而這裡感覺就像一個機會，組織對創造內容躍躍欲試。這創造了一種可能感，一種自由感。」

這裡的重點不僅是康斯托克表現傑出，或任何想要用精彩內容重塑企業的人都該聘用她，（雖然他們可能該這麼做。）而是她的作法完全正確。

她有一個願景，並用說故事來實現它，而不理睬創意的風險。

奇異的做法很罕見。這個產業鉅子在公司的關鍵時刻，投資於講述大膽的故事，使得接下來多年的大成功並非巧合。

奇異擁有罕見的組合，創造出偉大的品牌故事講述者：一種說故事的文化，它為成功做計畫，卻不怕失敗。結果內容觸動了他們每個部分的業務。奇異的內容使求職者增加了八百趴，讓公司在紅迪網站（Reddit）上成為科學怪咖的最愛，也使其股價上漲了四倍多，由二〇〇九年三月的七．〇六美元上漲為撰寫本書時的三一．四四美元。每個月都有數百萬人閱讀他們的文章，觀看他們的影片並與朋友、同事分享。他們是奇異的熱心擁護者。

既然我們已說明了偉大故事講述的基礎，本書其餘章節就將討論如何運用它的技巧和科學協助你的組織——掌控創造力的技巧，以及運用以資料為主的方法，來開發內容策略和規劃成功的科學。

換言之，我們將向你說明如何做出像奇異一樣的偉大說故事公司所做的事。我們將示範如何運用說故事，讓業務的每個環節更好。

首先，讓我們回到一九四〇年代的紐約，了解一位市長的故事，他的所做所為讓後來的紐約市長麥克．彭博（Michael Bloomberg）的汽水禁令宛如兒戲。

故事如何讓產品和服務更好

一九四二年，紐約市長菲奧雷洛・拉瓜迪亞（Fiorello La Guardia）籌畫了全市的突襲行動。他突如其來地派警察到全市各地，闖進酒吧、交誼廳、賭場和俱樂部，沒收了拉瓜迪亞所要搜查的特殊物品。

接著，市長鄭重地以大錘砸爛了這些物品。

究竟令拉瓜迪亞市長如此深惡痛絕的這種違禁品是什麼，讓他不僅要禁止它，還要親自砸爛它？是製毒的設備嗎？武器？或是反拉瓜迪亞的宣傳品？

不。它們是彈珠台。

其實，拉瓜迪亞市長砸彈珠台的宣示，是席捲全美彈珠台大禁令的一部分。芝加哥、舊金山等各大城市也都禁止這種遊戲。幾十年來，彈珠台幾乎完全絕跡。

但為什麼拉瓜迪亞和其他市長厭惡彈珠台？為什麼是這種無辜的遊戲，而非戰國風雲（Risk）那種以主宰全球為宗旨的遊戲成為目標？

這是因為一個關於彈珠台的故事。

故事如下：彈珠台老闆忙著向學童兜生意，要他們用午餐錢玩彈珠台，因這種遊戲教人興奮且閃亮耀眼，所以對孩子們有吸引力。這種遊戲會讓人上癮。此外故事還說，彈珠台幾乎純粹是機率遊戲，兒童不可能會學到擅長的技巧。因此孩子們受到吸引，卻被榨光金錢。有傳言說，他們上癮到廢寢忘食的地步。

這個故事並不真實，但這無關緊要。它把彈珠台變成了政治家可用來表達觀點，搏人好感的東西。

「我站在你的孩子這邊。」像拉瓜迪亞這樣的人可能會一邊說，一邊用大錘砸爛彈珠台。他以幾個彈珠台老闆的選票換取妄想父母的選票，是有效的策略。

換句話說，關於產品的故事毀了產品。

這並非彈珠台故事的結局，但在我們回頭談它之前，讓我們先看另一則關於另一台機器的故事：磁振造影機，或稱ＭＲＩ。

幾年前，奇異公司指派公司頂尖的產品設計師道格・狄亞茲（Doug Dietz）把

MRI機器帶入二十一世紀。

這些救生機器是龐大笨重且昂貴的裝置，可協助醫師看到病人的體內。奇異公司投資了數千萬美元重新設計，狄亞茲把四四方方的舊機器改造成線條流暢的圓環狀裝置，看來彷彿宇宙飛船似地。它比市場上的任何產品更節能且更先進。

在公司推出改良的機器時，迪亞茲到一家醫院，了解病患對新設計的反應。他看到的情景教他想掉淚。

他看到醫師帶著一個小病人進入核磁共振室，這孩子淚流滿面道：「媽媽，媽媽，請不要讓我再進那個機器。」

狄亞茲發現了設計過程中他未曾想到之事。對幼小的孩子而言，核磁共振機器很可怕。你走進一間燈火通明的房間，陌生人把你綁在一塊板子上，然後讓你滑入一個洞裡半小時——只有你自己一個人。你的手臂上有根針，周遭是響亮的叮噹噪音，還要你保持靜止不動，否則他們就要重來的可怕警告。

奇異的新MRI雖然美觀且節能，但毫不例外的是，這是一次可怕的經驗。

迪亞茲垂頭喪氣。他了解到，他最關心的一些病人——他的機器能拯救的脆弱病童，卻厭惡他創造的作品。他是否該回到製圖板前，重製一台不那麼可怕的新機器？

正當迪亞茲考慮再次重新設計，可能要花費數百萬美元的成本時，靈機突然一動。

與其製造一台全新的機器，何不把當前的機器變成一次冒險？

如果在一個小女孩進行核磁共振前一晚，由家長讀一本故事書，談的是她次日早上即將參與的海盜冒險，結果會如何？書中，她會遇到猴子瑪塞拉和巨嘴鳥蒂娜，以及在醫院等待她的所有新朋友。第二天她到醫院後，如果醫師和護士都打扮成書中的角色，結果會如何？這本書中的冒險故事會繼續在醫院的角色扮演中發揮作用，最後她必須乘坐救生艇漂過一艘海盜船邊，才能找到她的朋友。

當然，這部分就是實際的MRI掃描。但孩子會把掃瞄當成故事的一部分，盯著掃瞄儀頂上所繪的海盜冒險朋友圖片，且她有極重要的理由靜止不動——以免海盜抓住我們！

把ＭＲＩ機器繪成海盜船，比重新設計全新的機器便宜多了。奇異公司團隊訓練了醫師和護士參與他們的海盜探險計畫，讓ＭＲＩ體驗由可怕的折磨變為引人入勝的冒險。

最美好的是，孩子們由：「媽媽，請不要讓我再進入那個恐怖機器！」到「我能再去一次嗎？」

到目前為止，本書已討論了許多關於如何讓人們彼此聯繫及與企業聯繫的故事。這兩則故事說明了故事如何讓我們改變對產品的看法。在一個案例中，關於產品的故事摧毀了它；在另一個案例中，關於產品的故事拯救了它。

故事對人們決定購買什麼產品的過程影響重大。許多研究顯示，當今的消費者較可能與以體貼和道德手法開發產品的公司打交道。多數中產階級消費者都願意購買正面或背景故事有趣的商品，即使它較為昂貴。我們希望知道，我們的咖啡是由關心環境並得到公平報酬的厄瓜多爾家庭種植。我們願付更高的價錢購買小皇帝勒布朗・詹姆斯（Lebron James）共同設計的籃球鞋，而非無名設計師設計的籃球鞋。

舉例來說，申恩最近想買一支好手錶。他的手錶從沒超過二十美元，因此在他生日那天決定揮霍一下，為自己買支數百美元的錶。當他開始尋覓時，想起了一個名叫 Shinola 的品牌，他聽過幾次這個品牌的故事。

Shinola 創立於底特律這個城市陷入困境的時候。當時數以千計的製造業工作外流，富裕和中產階級的居民紛紛搬離，城市有些地區變成鬼域。犯罪率很高，建築物荒廢，基礎設施也殘破毀壞。

Shinola 的使命是，重新訓練失去親人的汽車工人和工廠員工，讓他們製造自行車和手錶，並把製造業的工作帶回底特律。他們希望製造出堅固耐用、品質優異的美國產品，值得付出更高的價格，為辛勤工作的底特律民眾帶來收入。

申恩想起了這個故事，於是去看 Shinola 的手錶，它們太棒了，既美觀又實用，何況還有額外的紅利：買一支 Shinola 能使他成為 Shinola 講述底特律復興故事的一小部分。

他買了一支，十分喜愛，因此又為他最好的朋友買了支相稱的作為生日禮物（太可愛了。）當Shinola開始生產唱盤後，他也買了一個。

Shinola的產品很好，但最初是因為他們的故事，才讓申恩想購買它們。

這讓我們回頭來談彈珠台。

在市面上看不到彈珠台的三十年後，這種遊戲在一九七〇、八〇和九〇年代初突然熱門起來。原因為何？「星際大戰」。

我們只是半開玩笑。在美國人排隊等著觀賞《大白鯊》、《星際大戰》和《印第安納．瓊斯》時，彈珠台製造商靈機一動：為什麼不把這些流行故事融入彈珠台遊戲呢？於是，彈珠台開始畫上流行影視節目及音樂表演的藝術圖案。你扮演自己最喜歡的角色，或為他們戰鬥，或拯救他們。

突然之間，到處都是彈珠台。宅男向全世界（或攝影鏡頭）證明了彈珠台恐怕不僅是機率遊戲，反對他們的政治運動也隨之消失。影迷很快就大排長龍，等著以彈珠台的形式重溫他們最喜歡的電影，彈珠台行業方興未艾。（有趣的是，有史以來最暢銷的彈珠台遊戲就是這個時期創造出來的，它就是阿達一族〔Addams Family〕。）藉著把故事整合到產品中，彈珠台製造商為消費者提供了很多玩彈珠台的理由，即使它其實是幾乎一成不變的遊戲。

我們會因為一個好故事而做很多事，會支持摧毀與壞故事相關的產品，也會因為產品和好故事結合，而改變了對它的看法。我們會為具鼓舞人心背景故事的產品多支付點額外費用，也會因為一個救贖的故事而給產品第二次機會。

如果故事很好，我們甚至會為滿是電視廣告的一天感到興奮。

故事讓廣告變得更好

幾年前，約翰．霍普金斯大學（Johns Hopkins University）的研究人員檢視了超級盃廣告，希望得知哪些廣告能獲得最好的結果。截至本書付梓時，CBS上的超級盃廣告費用為每秒十六萬六千六百六十六美元，也就是每分鐘一千萬美元。

超級盃是少數幾個電視觀眾真正樂於觀賞廣告的場合之一。由於這些廣告時段非常昂貴，因此廣告客戶盡心盡力要讓廣告吸睛。儘管在其餘時間，我們觀賞電視節目時都會跳過廣告，但卻會滿口洋芋片地從廚房衝出來，趕上超級盃的廣告。

當然，並非所有超級盃廣告都很精彩。霍普金斯大學的研究人員想知道人們喜愛或不喜愛的超級盃廣告之間最大的差異在哪裡。

他們收集了幾年超級盃廣告，並按各種要素編目：幽默、長度、性感、主題、可愛動物的運用及其他元素。然後再查查看哪些廣告最受歡迎，以了解哪些因素最重要。

他們的發現教人驚訝。原來無論是笑話、可愛動物或性感美女，都不會讓超級盃廣告受到歡迎。

最好的廣告是具有明確敘事弧（narrative arc，由開始、發展、高潮、結局組成拱形的完整敘事。）的廣告。

換句話說，最好的廣告是偉大的故事。

但我們也不要低估這些可愛動物，因為在我們最喜愛的——說故事能提升廣告的故事中，牠們也扮演了重要角色。

二〇一四年，BuzzFeed 推出一種新的廣告代理商。兩年前，他們聘請了網際網路上最成功的早期影片創作者傑．法蘭克（Ze Frank），推出了 BuzzFeed 影業公司，這是為數位字媒體初創公司及其廣告商創作原創影片的工作室。

多數廣告影片商都遵循一個古老模式：向客戶推銷一個廣告位的精彩點子，投入巨額預算製作，並購買媒體來支持這個點子。整個過程是信念的教育訓練行為。

然而，BuzzFeed 和法蘭克想採取不同的做法。自二〇〇六年十一月起，BuzzFeed 的創辦人喬納．派瑞提（Jonah Peretti）十分著迷於內容如何在網上傳播的科學。BuzzFeed 不斷修改他們創造和分發內容的方式，對標題、故事結構和內容策略進行微調。這讓他們能接觸一億五千萬名讀者，超越了《紐約時報》等主要傳媒的數位流量。

BuzzFeed 從未用過網路廣告（banner ads），相反地，它代替廣告客戶創造內容，並把原創影片作為主要廣告產品。

因此，當普瑞納（Purina）寵物食品在二〇一四年來到 BuzzFeed，想做廣告宣傳時，法蘭克沒有向他們推銷做一支長廣告，相反地，他提議創作一系列短片。兩家公司同意，製作特定數量的影片並進行測試，以了解哪個廣告能引起 BuzzFeed 受眾的共鳴。其想法是針對更廣泛的主題，測試各種不同的說故事方法，直到找到最成功的一個，就像 BuzzFeed 一般（非廣告）的報導所做的那樣。

在美國商業雜誌《快公司》（Fast Company）的簡介中，前 BuzzFeed 行銷長葛瑞格．古柏（Greg Cooper）提到，他們向一位普瑞納公司高層播映了他們創作的兩分鐘搞笑影片故事。這位高層看影片時，因為影片與傳統廣告大為不同，讓他在驚訝之餘，不由得叫出聲來。

影片顯示，一隻年紀較大的貓正教導新來的小貓處世之道，不僅向牠解釋他們人類的奇特行為，還有在公寓裡廝混的最佳位置。（「在特殊場合，他們會把內衣抽屜打開，以表示他們的讚賞……對我，」老貓告訴小貓說：「要搞清楚，這是我的位置。那裡很完美。就像睡在內衣裡一樣。嗯……確實如此。」）

這部題為「親愛的小貓」（*Dear Kitten*）的影片後來成為迄今最出名的社媒廣告，在YouTube上有逾兩千七百萬次的觀看次數。（其續集也另外增加了逾四千萬的觀看次數。）但最有趣的是它的開發過程：經過一連串嚴格的嘗試錯誤測試。BuzzFeed為普瑞納製作的前四部影片失敗了。他們拍了六部影片，才終於一炮而紅。

古柏告訴我們：「這就像是一場革命，大公司不喜歡革命，他們喜歡墨守成規，他們喜歡按部就班成長。」

但那些公司正迅速改變觀點。他們發現，要一炮而紅最有效的方法就是策略性地創造內容，測試它和受眾建立了怎樣的聯繫，然後根據他們所學到的做出改進。稍後，我們會對此進行說明！

故事會提升你的銷售轉換率

在歷史上，全球成長最快的企業做了一件聰明事來對抗競爭，讓人們以驚人速度打開電子郵件並購買商品。

這家公司名為Groupon，二〇〇八年成立於芝加哥，它每天都會發送一封電子郵件，告訴你附近商家的一大優惠。不久，其他許多公司也開始提供和Groupon類似的每日優惠。Groupon很快就有了兩種競爭對手：每日優惠交易的網站，以及在你收件匣中，所有其他可能妨礙你點擊Groupon優惠的電子郵件。

於是，Groupon聘請了著名喜劇學校「第二城」（Second City）的作家來為公司撰寫電郵。他們為Groupon提供的每件產品和服務編寫滑稽有趣的虛構故事。

這導致了兩個結果：首先，人們變成只為閱讀有趣的故事而開啟電子郵件，造成特別高的電子郵件開啟率，業績也大幅提升了。即使人們並不想購買優惠券，也可能把滑稽的雷射脫毛Groupon郵件轉寄給毛髮特別多的朋友。

Groupon 最後因為成長太快而產生種種業務問題，但它的故事卻教導了我們，任何企業都可以學到的教訓：偉大的故事——無論有趣或虛構或真實，都可以大大提升業績。

在以故事提高銷售轉換率的公司中，我們最喜歡舉的例子之一是 Zady。它以環保方式銷售它稱之為「永續時尚」（sustainable fashion），或講求製作過程環保且來源道德的服飾。

在你瀏覽 Zady.com，點擊一件靛藍色的緊身牛仔褲時，不僅會看到價格和圖片，也可以看到那對在他們車庫裡製作牛仔褲的肯塔基州可愛情侶的故事。你會認識他們的愛犬，他們邂逅的經過，以及他們製作這些牛仔褲時投入的愛和關懷。

這些故事提升了 Zady 的轉換率——在產品頁面瀏覽時購買產品的百分比。這些故事也會留在你心中，因此下次你要買靛藍色緊身牛仔褲時，可能還記得這個故事。這意味著你很可能回到 Zady 購買牛仔褲，而非在百貨公司購買李維牛仔褲。

不過關於故事，有件有趣的事情是，它們不只幫助你銷售產品，還會幫助你把公司推銷給潛在的員工。

故事讓你的徵才流程更順暢

如果你經常觀看黃金時段的電視節目，就很可能見過歐文。

歐文是虛構的奇異公司工程師，是公司自嘲式廣告的明星，這類廣告已播映了數年，拍的是歐文向他的親朋好友解釋他很酷的新工作——在奇異公司擔任工程師，原本他的親友以為他要去火車或倉庫工作。

歐文帶動了奇異公司史上最成功的徵才活動之一。奇異公司工程職位的求職者人數上升了八百趴。八百趴！對於與臉書、Snapchat、Google 以及矽谷其他所有吸引人的初創公司爭奪人才的企業而言，至關重要。

然而，這個廣告的目的根本不是招募員工。

根據我們先前提到的奇異行銷長博夫的說法，他們製作廣告時，甚至根本沒想到把這些廣告視為招聘廣告。他們只是想找一種有趣且自嘲的方式，讓人們知道，是的，奇異是非常酷的公司。

這些影片不僅為奇異公司吸引了許多新的求職者，也讓員工士氣大振。

「公司同仁很愛這個活動。」博夫告訴我們。

博夫甚至請扮演歐文的演員來參加一些奇異公司的內部活動，員工反應熱烈，就像請來披頭四一樣。因為雖然歐文是關於奇異公司的故事，卻也是關於奇異員工的故事。

這項活動顯示，公司內外的行銷不再有真正的界限。當你講述一個啟發公司外部世界的偉大故事時，它也會啟發在公司四面牆內的人們。

故事打造你的品牌

二〇一六年七月，聯合利華（Unilever）一舉震驚商界：他們買下了「一元刮鬍俱樂部」（Dollar Shave Club）——這家初創公司五年前由一位名叫麥克・杜賓（Michael Dubin）的即興喜劇演員所創。聯合利華開出的價碼是十億美元。

記者們都感到大惑不解。如 Birchbox、Trunk Club 和 Stitch Fix 這些類似的電子商務訂購初創公司都無法吸引任何公司的高度興趣。此外，比起吉列（Gillette）和舒適（Schick）牌知名的高科技刮鬍刀，「一元刮鬍俱樂部」銷售的刀片也相形失色。何況它甚至根本不生產刮鬍刀！它只是由中國的製造商那裡批發購買再轉售。何況十億美元的價碼是「一元刮鬍俱樂部」預估二〇一六年營收的五倍——這對一家零售初創公司來說，幾乎是前所未有的倍數。

為什麼聯合利華會付出如此空前的價格？正如具前瞻思維的分析師解釋，重點不在於營收，而在於公司——與客戶和廣大消費者的關係。從有史以來，可能是初創公司推出最偉大影片開始的關係。

一九九〇年，包括艾米・波勒（Amy Poehler）、亞當・麥凱（Adam McKay），伊恩・羅伯茲（Ian Roberts）和何瑞修・桑茲（Horatio Sanz）等一群

喜劇演員組成了一個名為「單口喜劇百姓幫」（The Upright Citizen's Brigade，簡稱ＵＣＢ）的即興組織。不久，ＵＣＢ在爆笑頻道「喜劇中心」（Comedy Central）有了自己的電視節目，並作為《周六夜現場》（Saturday Night Live）的人才管道。隨著組織擴大，它成了數以千計創意人士發展的目標，這些年輕人每年上完大學表演課程，就到紐約市的熱鬧燈光下尋求發展。

二十一世紀初，「一元刮鬍俱樂部」的創始人杜賓也是那些年輕的創意人之一。他在ＵＣＢ八年，一方面磨練自己的喜劇技巧，一方面也做各種電視和行銷工作。二〇一〇年十二月，他在聖誕晚會上與父親的一位朋友交談，話題有了出乎意料的轉變。不久後，這位家庭朋友請他幫忙販售他從亞洲購買的二十五萬把刮鬍刀。（我們都有過這樣的經驗，對吧？）這種話題大概會讓許多人感到不安，但卻讓杜賓有了個點子。如果他提供一種服務，可以消除買刮鬍刀片的費用和麻煩，會不會成功？要是每個月只花一片一美元的價格，刀片就會出現在你家門口，這個點子如何？

杜賓面對著讓初創公司業務起飛，並吸引投資人的挑戰，他知道自己得找到志同道合的夥伴，也就是受夠了因為大企業壟斷刮鬍刀市場，不得不為幾片刀片支付二十美元以上的人。所以他以自己最擅長的工作下了大賭注，製作了一段逗趣的影片，與目標觀眾建立聯繫，並把自己塑造成自己品牌英雄之旅的主角。

如果你是少數還沒看過這段影片的人，不妨現在就去觀賞 http://sha.ne/storiesdsc。

「我們的刀片怎麼樣？」杜賓在影片開頭問道。「嚇，我們的刀片棒透了。」

接下來是九十秒的荒唐言詞，但卻不遺餘力地吹捧「一元刮鬍俱樂部」刮鬍刀的所有功能。影片中有個小孩正在幫一個男人剃頭髮，還有關於小兒麻痺的笑話，大砍刀、笨拙的熊、一個身材壯碩的美國人，甚至還可能是有史以來最好的「下雨」場景。

初剪的影片說服了前 Myspace 執行長麥可．瓊斯（Michael Jones）簽約，成為杜賓的合作夥伴。這段影片於二〇一二年三月六日發布後立即瘋傳。這家初創公司在最初四十八小時內，就獲得了超過一萬二千份訂單。

「一元刮鬍俱樂部」起源的故事凸顯了一個重點：行銷經濟正快速變化，偉大的內容是最終的要素。因此能說出精彩故事的品牌就可在競爭中脫穎而出。

正如我們先前在本書中提到的，杜賓的成功背後並沒有新的原則。各公司原本就一直透過說故事推動銷售，由最初交易者以物易物迄今，並沒有改變，但其他的一切卻都變了。

從一個世紀以前無線電的誕生，到二〇一〇年代風行之社交媒體應用程式的颶風，光是我們相互傳遞彼此故事的科技變化速度之快，就已令各品牌望而生畏。

一方面，它提供了一個巨大的機會。到處都可以發表內容，如今消費者不論走到哪裡都沉浸在故事裡。根據comScore的統計，人們花在數位媒體上的時間，在二〇一〇年至二〇一六年之間成長為三倍。最新一次統計發現，花在數位媒體上的時間，有65%是在行動裝置上，且主要透過社交網路。因此擅說故事的公司可比傳統的廣告更有效地傳播給目標客戶，且規模更大——這一切都只需要花費很少的成本。

另一方面，現在的內容比過去任何時候都還多。Google 執行長艾瑞克．施密特（Eric Schmidt）在二〇一〇年的一場會議中透露，全人類每兩天創造的資訊量，相當於自人類有文明以來至二〇〇三年的資訊量總和。這個數目只會有增無減。

因此，品牌不可能想藉著創造平庸的內容脫穎而出。草率的內容幾乎沒機會在社媒或搜尋引擎中出現。

「再寫一篇不錯的部落格文章並沒有太大的價值，除非你可以做得非常傑出，」Moz 創辦人，也是搜尋引擎最佳化（SEO）分析師兼內容分析師蘭德．費許金（Rand Fishkin）告訴我們：「問題是，如果人們正在尋找問題的答案，他們是否願意找出你的內容，而非網際網路上的任何其他內容？除非答案是正中籃框的『是的，這比其他任何東西都好上十倍，』否則我就不確定它值得發表。」

但如果你真的創造出精彩的內容呢？結果教人震驚。

杜賓和「一元刮鬍俱樂部」繼續製作滑稽的影片，讓目標觀眾觀看了數百萬次，並熱烈分享。其中最好的續集「讓我們談談二號」（*Let's Talk about #2*），介紹了他們新的屁屁擦拭產品，並製作了你在任何品牌影片中能想見的更多熊屎笑話。

它還隨著每份訂單附上小型漫畫報《浴室時光》（*The Bathroom Minutes*）。到了二〇一五年底，它推出MEL，這是有史以來任何品牌所能推出最雄心勃勃的專論網站之一。

正如The Contently的主編喬丹．泰克（Jordan Teicher）在「內容策略家」部落格中所寫：「只要品牌不再只求平穩安全，那麼MEL就是一個很好的例子，說明引人入勝的說故事能有多麼突出的成績。這是唯一一個你可以閱讀《我去釣沙魚卻意外釣到一公斤可樂》這樣的文章，或者觀看哈佛畢業生成為中世紀鬥士短紀錄片的地方。」

總結起來，這些影片建立了極其強大的品牌，並與消費者維持持久的關係。此外，它們也協助「一元刮鬍俱樂部」被高價收購、順利退場，這在幾年前簡直難以想見。

「有兩件事可以推動倍數成長：財務指標和故事，」創投公司Venrock的合夥人，「一元刮鬍俱樂部」的早期投資者大衛・派克曼（David Pakman）告訴彭博。

因此你該怎麼為你的品牌找出能講述數十億美元故事的方法？我們Contently怎麼辦到的故事就是對內容策略公式的良好分析，本書下兩章就要談談這個公式。

建立地表最強的內容策略部落格

喬最初開始經營我們的部落格「內容策略家」時，每個月只有約一萬四千名讀者，訂閱電子報的也只有幾千人。申恩一直以來，都和我們的夥伴山姆及一些自由撰稿人一起寫部落格，最後他認為，我們需要一位全職主編來管理並掌控方向。

我們的部落格是產業刊物，不可能會成為BuzzFeed，但有鑑於社會大眾對內容行銷（content marketing）的興趣日益濃厚，顯然在我們面前有吸引特定小眾注意力的機會。在喬接手三年後，每個月有五十萬名行銷人員和媒體人閱讀我們的部落格，而我們的電子報也產生了逾十萬名忠實訂戶。每個月，我們的故事為我們的軟體業務創造了數以千計的高品質潛在客戶，使其生產成本少了十倍。我們也獲得無數榮譽，包括成為二〇一六年Digiday Awards的最佳品牌刊物。

以下是我們如何做到的：

#1：承擔使命

或許你聽過這樣的陳腔濫調：內容行銷，即一切運用故事來提升品牌的做法，是「馬拉松長跑而不是短跑衝刺」。有人幾乎在每個行銷會議上都這麼說，但實際上，這是非常糟糕的比喻。

其實內容行銷更像政治競選活動。你得向選民介紹自己，並獲得他們的信任，你得傾聽他們的憂慮。在你採取任何行動爭取人們的支持前，不能厚顏要求人們擁護你。最重要的是，你得要有一個使命來推動你的內容，讓人們對此產生共鳴。

在Contently，我們廣泛談論對於「建立更好媒體世界」的夢想。雖然這聽來像是企業的老生常談，但並非如此。這是我們的使命。

從一開始，我們就知道這個口號會推動「內容策略家」。我們相信，藉著協助品牌運用優秀的工具和才華洋溢的創意人才講述人們真正想參與的故事，可以讓媒體世界變得更好。對我們來說，說故事就是原力。至於在網際網路上包圍人們，阻礙他們在網上真正想做的事的所有蹩腳「看我看我！」廣告？在我們看來，那就是黑暗的一面。

我們一開始時的任務，就是報導內容行銷業的好壞兩面，以及發表有用的策略訣竅、分析和建議，並向行銷人員展示光明的一面。我們必須有編輯誠信，把誠實和透明置於公司訊息之上。若我們想協助人們，就必須獲得他們的信任，不能每隔三段文字就推銷 Contently 的軟體。

很幸運地，我們能在一家由新聞記者創立、組成，且信任我們能承擔使命的公司工作。一切很快就開始得到回報。不到六個月，我們的讀者就由一萬四千人增為十萬人。

這並非革命性的策略。每個成功的內容行銷範例（奇異公司、網路床墊零售業者Casper、紅牛、一元刮鬍俱樂部、Moz、萬豪酒店Marriott等）都遵循了類似的「受眾第一」信條。他們受到他們想與之建立關係的受眾引導，承擔要做正確之事的使命。

#2：熟悉對象

截至二〇一四年秋天，Contently的業務部門對我們的編輯作法非常滿意。我們的點閱率也帶來了更多潛在客戶與機會。因此我們的執行長喬決定撥給編輯團隊更多預算。

我們推出了一個姊妹網站，名為「自由撰稿人」（The Freelancer），把我們的編輯使命擴展到創意社區。年輕的《華爾街日報》自由撰稿人喬丹・泰克（Jordan Teicher）成為我們第二位全職編輯，我們先前的文案實習生基蘭・達爾（Kieran

Dahl）則成為我們的社交媒體編輯。在很多方面，他正是此第二階段的明星。

由於先前的成功，我們獲得了更高的預算，因此我們撥了一點零錢給基蘭做改變，使用付費的臉書廣告，吸引更多人讀我們的故事，這種策略在出版業中大行其道。我們對頁面瀏覽量沒興趣（畢竟，我們不是在銷售廣告），但我們確實想用 Contently Analytics 來分析我們是否提高了有意義的參與度、推動轉換率，並獲得可能還不了解「內容策略家」的忠實讀者。

基本上，我們運用我們的分析來了解，可以在臉書上宣傳哪些故事，並獲得異乎尋常的高回報。低廉的每次點擊成本（cost per click，CPC）固然很好，但你真的想要的，是讓讀者做到以下事情的故事：

- **花許多時間閱讀你的內容**
- **讀完他們點擊的多數故事**
- **並且在之後閱讀其他內容**

· **在社交網路上分享這個故事**
· **訂閱電子郵件**
· **下載優質內容**
· **訪問產品頁面，並填寫要求示範表**

以喬對行銷大師賽斯・高汀（Seth Godin）的訪問為例。大家喜歡高汀，所以這則訪問大受歡迎，不僅很多人點擊，且他們平均也花了五分鐘閱讀它——比我們的平均水準高出125%。**（左圖）**我們在臉書上推廣它時，它的每次點擊成本也很低。此外，很多人也因此訂閱我們的電子報，成為忠實讀者。所以我們理所當然地繼續推廣它。畢竟，如果你已花了五百美元製作一段內容，額外花費五十美元以獲得兩倍回報，通常是有意義的。

推廣這樣的故事，讓我們把來自臉書的讀者快速轉變為電子報的訂閱者——到目前為止，他們最有可能成為你網站的忠實讀者。在接下來六個月，我們的讀者增長為

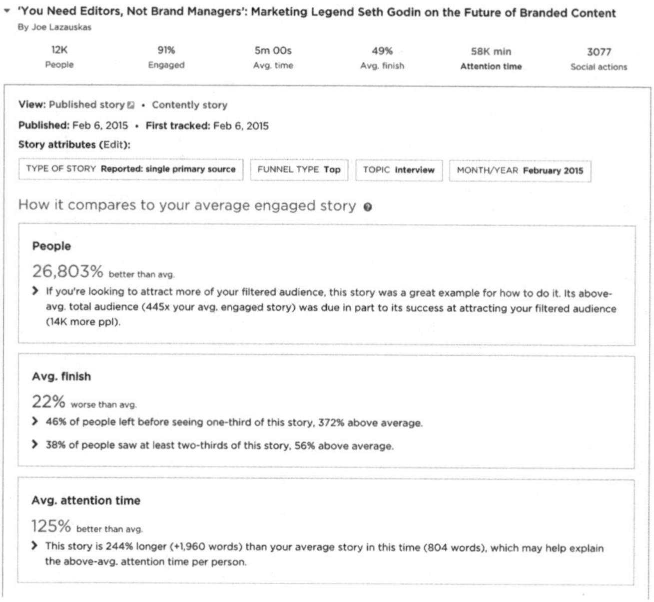

▾ 'You Need Editors, Not Brand Managers': Marketing Legend Seth Godin on the Future of Branded Content
By Joe Lazauskas

12K	91%	5m 00s	49%	58K min	3077
People	Engaged	Avg. time	Avg. finish	Attention time	Social actions

View: Published story • Contently story
Published: Feb 6, 2015 • **First tracked:** Feb 6, 2015
Story attributes (Edit):

TYPE OF STORY **Reported: single primary source** | FUNNEL TYPE **Top** | TOPIC **Interview** | MONTH/YEAR **February 2015**

How it compares to your average engaged story

People
26,803% better than avg.
› If you're looking to attract more of your filtered audience, this story was a great example for how to do it. Its above-avg. total audience (445x your avg. engaged story) was due in part to its success at attracting your filtered audience (14K more ppl).

Avg. finish
22% worse than avg.
› 46% of people left before seeing one-third of this story, 372% above average.
› 38% of people saw at least two-thirds of this story, 56% above average.

Avg. attention time
125% better than avg.
› This story is 244% longer (+1,960 words) than your average story in this time (804 words), which may help explain the above-avg. attention time per person.

逾二十萬人。

#3：建立策略方法論

在你經營一份出版物時，會有一種非常強烈的誘惑，想憑直覺做事。

這並不總是壞事。身為主編，你經常要相信自己並押上一個故事，尤其在它成為熱門話題，且置之不理的機會成本很高之時。

但你也需要不時退後一步，評估一下什麼才有效。最重要的策略之一，就是標記你的故事（按主題、人物、格式和其他細節），並以生產指標與表現性指標相比。藉由這種方式，你就可以每個故事為基礎，查看哪些故事不足或超出你的目標。

這使你可以輕鬆看出，自己依賴太多或太少的主題和格式。

接著，我們還會檢查哪些內容在不同管道表現最佳，並依此調整我們的分配策略。這確保我們能明智運用我們的時間和金錢——並把正確的內容提供給合適的人。

在我們開始認真這樣做時，會看到許多盲點和錯失的機會。比如，小測驗、漫畫和幽默小品等「有趣的內容」，其實正是吸引忠實讀者最有效的方式之一。反之，平鋪直敘的產業新聞（沒有深入的分析）往往效果不佳。雖然關於衡量投資回報率或進行內容審核等主題的內容可能無法像趣味測驗般盡可能地吸引讀者，但它對於招攬已有意購買 Contently 軟體的潛在客戶卻非常有效。如今，我們每個月都會深入探究。我們建議你至少每三個月要做一次這類檢討。這為我們帶來奇蹟，讓我們的讀者數幾乎再度翻倍，且我們也看到我們的客戶有同樣的成果。

雖然我們的策略已發展得更加複雜，且它們也必然隨著網際網路的變化而變化，但其潛在理念仍然相同：我們希望為受眾服務。我們想講述有關內容行銷和科技產業最有趣、實用的故事，讓我們的讀者記住他們學到了什麼，並在工作上成功。如果講述品牌故事有祕密，就是這些罷了。

05

培養受眾的殺手公式

有天，雄心勃勃的布萊自信地走進普立茲的報社，爭取當時公認不適合女性的記者工作。

當其他記者追逐瘋子從橋上跳下的頭條新聞時，布萊決定要調查紐約的精神健康制度。她假裝自己瘋了，被關進收容所。

布萊在收容所待了十天，普立茲才把她救出去。接著她以這段經驗，為《紐約世界報》寫了系列報導。這些報導大為轟動。紐約居民都期待看到後續報導。

一夕之間，人們開始信任《紐約世界報》。

我們已在本書中介紹了偉大的故事如何建立關係，並讓人們關心，也說明了歷來和客戶維繫最佳關係的企業是以說故事為本的企業。我們談的是報紙、雜誌、電視網、Netflix、HBO。這些企業擁有我們其他人必須付費才能接觸到的忠實訂戶。

那麼，我們可以從中學到什麼？它們的祕密是什麼？若仔細觀察，你就發現它們基本上都遵循了同樣能歷經時間考驗的劇本。

CCO模式：創造（Create），連結（Connect）、改進（Optimize）

縱觀歷史，媒體組織如何利用說故事來建立受眾，有一個固定的模式。這個模式始於義大利文藝復興時期史上第一個大眾傳媒的例子。

十六世紀的歐洲是藝術、商業和科學的發源地。富裕的家族開始掌權，戰爭和小規模衝突頻繁發生。

這意味著，還有很多八卦。

最初的大眾媒體產業是八卦傳聞，不妨把它想像成古早的八卦網站。每天，八卦作家都會在米蘭這類城市遊蕩，收集當天的新聞和流言。他們會赴教堂、市場和軍營尋找各種蜚短流長，然後聚在一起寫作，創造所有可以排版印出的八卦小報。

他們會使用最出色的新技術：最近發明的印刷機印出所有八卦，接著，再到城鎮內外散發這種名為 Avvisi 的新聞紙。

Avvisi 的作家很快就學到幾件事。首先，雖然印刷機是最新最好的技術，但操作起來很麻煩。有些聰明的作家發現，如果手抄 Avvisi，就可以比同行更快上市。事實證明，民眾對及時的八卦比花稍的印刷字更有興趣。因此手抄的 Avvisi 更受歡迎。很快地，所有 Avvisi 作者都不再使用印刷機印出文章。

八卦作家學到的第二件事情是，如果你寫的文章激怒了當權的某人，就可能保不住腦袋。這種事不必發生幾次，倖存的 Avvisi 作者就明白，千萬不要在新聞信上掛名，他們開始隱藏身分、祕密寫作。為避免暴露自己，他們調整了發布的策略，趁著夜黑風高，把 Avvisi 張貼在公共場所。

做了這些修改後，社會大眾得到了他們想要的東西（以最快速度獲悉達文西最新戀人的動靜），而 Avvisi 作家也得到了他們想要的東西（保住他們的腦袋完好無缺）。

我們由這個故事中學到了一些教訓。首先，在決定使用何種技術前，需先了解受眾想要什麼。多數人都反其道而行，為我們有了最新的 SnapGoggle Pokeball 平台而興奮，卻往往忘記人們要的是精彩的故事。

我們學到的第二件事情是，培養受眾的策略會遵循一種模式。

在 Contently，我們稱這種策略為「飛輪」

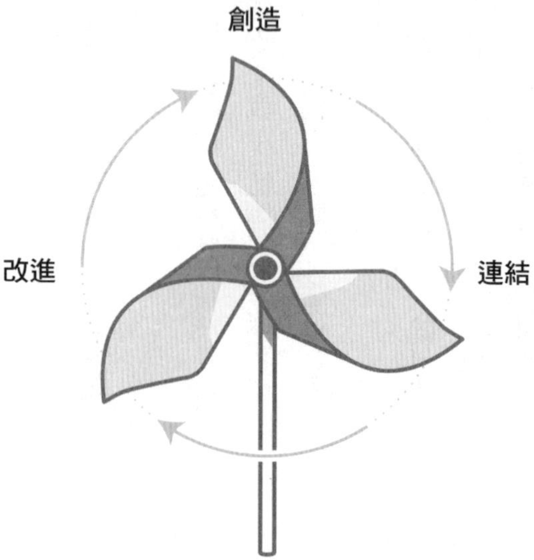

（flywheel）。首先你創造內容，思考如何把內容傳遞給大眾，然後盡量改進你創造的內容，以及傳遞內容的方法。

我們的 Avvisi 作家印出八卦（創造），並在城內傳送它（連結），然後發現人們想要的是更快知道八卦（改進）。

所以他們以手抄（創造）在城內傳遞它（連結），然後發現他們的腦袋可能會不保（改進）。

於是，他們改為匿名寫作（創造），趁晚上把 Avvisi 張貼在公開場所（連結），因此能保住他們的腦袋（改進）。

保住完整腦袋的媒體鉅子新產業於焉誕生！

時間快轉兩百年，來到十九世紀的報紙戰，同樣的模式再度出現。

這時，印刷機技術已經比手抄更有效率。

十九世紀中葉，在紐約這樣的大城市裡，任何富裕到買得起印刷機的人似乎都會辦報。

所有報紙的策略基本上差不多：新聞記者在城裡收集故事，然後向作者口述他們的筆記（或自己動筆寫報導）。每天，他們都會把昨天的新聞印成一份新報紙。然後由一群穿著打扮如同現代布魯克林文青、吞雲吐霧的報童站在街角，大喊頭條新聞，目的是吸引走路上班的通勤者注意。若你對某個標題感興趣，就會掏一分錢給報童買報紙。

報社老闆發現這個策略有些問題。首先，太多報紙都採用相同的策略——結果內容供過於求。報紙開始成為商品，人們看不出報紙之間的區別在哪裡。

這導致了忠誠的問題。《紐約世界報》（*New York World*）的約瑟夫・普立茲（Joseph Pulitzer）和《紐約新聞報》（*New York Journal*）的威廉・藍道夫・赫斯特（William Randolph Hearst）等報紙東家都想搶占市場，但似乎很少有人會說「我是《紐約世界報》的忠實讀者」，或「我只讀《紐約新聞報》」。

這也導致了品質問題。若你是靠著轟動的頭條新聞銷售，就意味著你得隨時有真正刺激的頭條新聞。突然間，每個標題都黑暗陰沉且聳人聽聞。「瘋女人從橋上一躍而下！」「戰爭即將爆發！」這些故事雖引起上班族的注意，但報導往往並不誠實。

報紙非但沒以這種方式贏得忠誠度，還開始產生了信任問題。（這在臉書時代聽來，是否覺得熟悉？）

這又導致了另一個問題。報紙雖然樂見人們在街上購報，但他們真正想要的是訂戶。他們希望人們每個月支付一筆費用，讓報童把報紙送到他們家門前。這是更具吸引力的商業模式，但卻需要讀者的忠誠度才辦得到，然而報紙尚未獲得這樣的忠誠度。

在普立茲聘用了名叫奈莉．布萊（Nellie Bly）的年輕女性後，事情改變了。有天雄心勃勃的布萊非常自信地走進報社，堅持爭取當時公認不適合女性的記者工作。她是美國史上最受喜愛的人物之一，也是第一個改變遊戲規則的美國記者。

當其他記者追逐瘋子從橋上跳下的頭條新聞時，布萊決定要調查紐約的精神健康制度。她假裝自己瘋了，被關進收容所。

布萊在收容所待了十天，普立茲才把她救出去。

接著她以這段經驗，為《紐約世界報》寫了系列報導。

這些報導大為轟動。紐約居民都期待看到新的後續報導。該系列詳細描述了病患面對的可怕狀況、醫護人員的惡劣行為，以及精神健康制度中的許多漏洞。

先是紐約市，接著美國其他地區很快就開始改革這個制度。

一夕之間，人們開始信任《紐約世界報》。

布萊的調查採訪為報紙訂戶時代鋪了路。報紙開始加強更深入的報導、更精彩的故事和專題。這也促使雜誌業誕生，並使普立茲和赫斯特成為新聞史上最著名的兩個名字。

我們從這個故事學到很多東西。首先，當內容無所不在時，深入是值得的。

其次，我們再次看到了這種模式：

報紙印刷了新聞（創作），以一分錢一份的價格在街頭（連結）分發，並發現了聳人聽聞的頭條新聞效果最佳（改進）。

於是，他們印出聳人聽聞的故事（創造），以相同方式分發傳遞（連結），卻發現他們未能建立忠誠度（改進）。

因此，他們聘請了調查記者，深入探索特定主題（創造）、獲得訂戶，並把報紙送去給他們（連結），更努力地採行有效的方法（改進），因而改變了世界。

現在讓時間再快轉兩百年，來看史上成長最快的媒體公司。

你可能還記得 Upworthy，這是二〇一二年，幾位具有社會意識的聰明網路記者推出的網站。Upworthy 只簡單地運用我們的飛輪模式步驟，就比史上任何出版商更快建立多到不可思議的受眾。

Upworthy 的策略是把其他人已創造但乏人關注的啟發影片，在設計精美的文章頁面上重新包裝，把這個故事加上新標題、引人注目的照片和誘人的介紹（創造），並和臉書上的一些人分享這個新版本（連結）。

接著，Upworthy 會看看故事的新版本是否比舊版本吸引更多人（改進）。他們是否讀或看完整部影片？是否與人分享這部影片？

Upworthy 會再以這個研究為本，測試這些故事的幾十個版本。他們會創造新的標題和照片，並在臉書上與新的人群分享，直到它有了最佳標題和最完美的影像（創造），以及最大的瘋傳潛力為止。接著，Upworthy 會透過電子郵件（連結），把改進過的故事版本傳送給它知道的所有人。

使用這種策略的 Upworthy，成長速度比史上任何媒體公司快了五倍——全都因為它比任何人都更快完成了「飛輪」程序。

但這裡也有值得警惕之處。幾年發展下來，Upworthy 不再能有效地運用「飛輪」程序後，其網站流量就急劇下降。

這有幾個原因。首先，在數十個模仿者開始使用最成功的標題風格後，臉書改變了其演算法以懲罰 Upworthy 風格的內容。這意味著 Upworthy 立即大受打擊。且該公司非但未能針對這個變化經由臉書做出改進——找出更好的方法與受眾建立聯繫，或進一步調整其內容創造策略，總之 Upworthy 因未能適應而失敗了。

Upworthy 流量大跌也能作為一種例證。因為雖然每個好的說故事作法都會使用某個版本的「飛輪」（創造、連結、改進）來培養受眾，但最好的作法永遠不會停止重新創造他們的作法。

好消息呢？如今的科技使你比以往更有效地完成這項工作。在網際網路出現之前，你必須擁有印刷機、貨車及報童，才能創造、連結和改進。但如今你可以藉著筆電和網路連結，完成這一切工作。

既然我們知道了飛輪，真正的挑戰就開始了。究竟我們要如何充分利用它？

連結：說故事的靶心

在思考你該創造什麼內容時，你打算如何吸引受眾是個重要因素。因此，我們將先深入研究飛輪策略的第二步：連結。

在我們寫完這本書到你讀到這本書之間的每一年，網際網路都會產生六個（或更多）的新媒體平台。每天都有和受眾群體建立聯繫的新方式，因此我們無法確切地說，明天你該把內容放在哪裡。但我們可以告訴你，媒體的新規則為品牌和初創的出版者提供了可能是史上最重要的關係建立機會。

這是因為，它比以往任何時候的價格更低廉、更容易傳播。在網際網路出現前，若你想把故事送到別人手裡，就必須為眾多基礎設施付費。若你想發行報紙、報導文字故事，就得購買印刷機、雇用送報車和送報生，並與報攤談妥。若你想發行影片內容，就得花費數百萬美元成立電視台，或需授權把內容交給現有的電視台，並放棄所有控制權。總之你會受到把關者的擺布。

拜YouTube、臉書、推特、Medium、Instagram及其他所有社交平台之賜，如今對全球數十億人發表故事，已不再需要任何成本。創作者和他們的受眾之間不再有大門阻隔。也因此，對內容的需求正爆炸式地成長。根據comScore統計，二〇一〇年至二〇一六年間，人們花在數位媒體上的時間成長為三倍，主要歸功於智慧手機的普及。如今美國有三分之二的成年人不論走到哪裡，口袋裡都放著擁有無限內容的機器，未來幾年，這個數字預計還會繼續增長。

此外，社交網路（臉書、LinkedIn和Instagram）的付費內容發送功能日益複雜。在臉書上，只需不到五十美分，你就可以從適當的人那裡閱讀或觀看任何內容——無論那人是來自愛達荷瀑布市（Idaho Falls）的母親，或曼哈頓的醫療保健主管。如果內容非常好，花費通常僅需幾美分。只要有適當的基礎設施、方法和說故事的熱情，你就可以每天都有像超級盃廣告那麼大的機會傳達給數百萬人——或也可專心在極少數重要的人身上。

儘管如此，社媒世界的變化依舊可以快到在你閱讀本書時，很難確知正確的策略是什麼。我們能做的就是給你一個公式，讓你來解決它。

這個公式就是我們所說的靶心。它先把公司的世界沿兩個維度分為不同的範疇：受眾和目標。

簡單地說，公司可分為兩種類型：B2B（企業對企業行銷），和B2C（企業對消費者行銷）。它們通常有兩類目標範疇：品牌（人們是否會想到你，以及他們如何看待你）和轉換（人們採取行動，例如購買商品，或要求與業務員交談）。

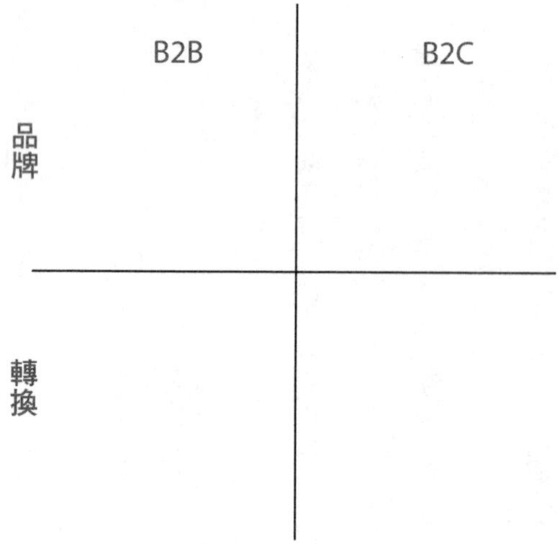
B2B
B2C
品牌
轉換

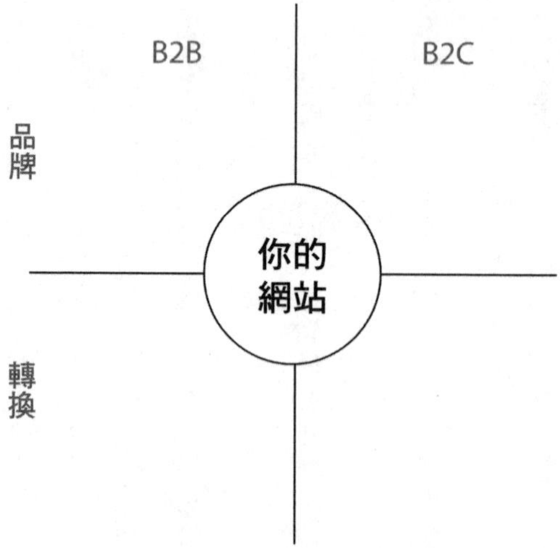
B2B
B2C
品牌
你的網站
轉換

有些公司可能屬於這些類別中的某一個或多個，那沒關係。或許它們有其他更大的工作要做。

無論你的公司屬於哪個範疇，和受眾建立聯繫最有用的地方都是你的網站。在這裡，你可以控制品牌和轉換經驗。可以確保人們會看到你希望他們看到的內容，並提示他們採取你希望他們執行的操作。

但多數公司並不能讓他們想要的每個人都神奇和他們的網站聯繫，因此他們必須透過其他方式與人聯繫。

第二個最有效的連結場所是觀眾的主場：他們的電子郵件。這也適用於公司的四

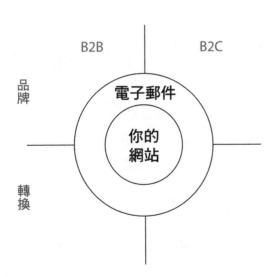

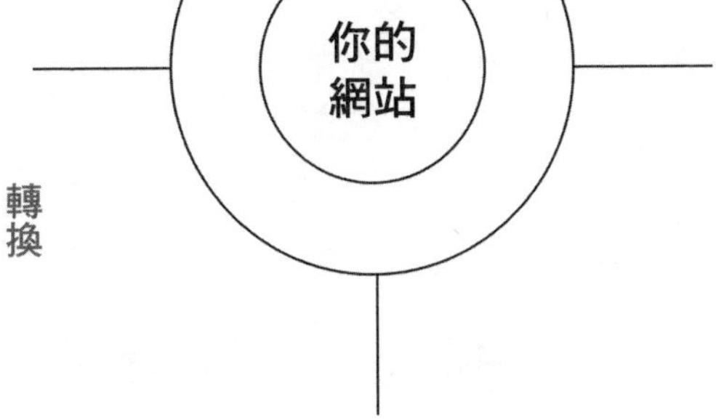

種範疇。在你發送電子郵件時，你可以控制多數品牌和多數轉換經驗。它出自於你，且直接進入接收者的收件匣。

如果你沒有目標受眾的電郵地址，就必須迫使他們來找你。這意味著，他們在網上瀏覽時，你得吸引他們的注意。

那麼，你的受眾會在哪些網頁閒逛？瀏覽哪些社交網路、網站？哪些社媒管道或應用程式？

貴公司所處的類別有助於確定這一點。

如果你是一家對品牌感興趣的B2B公司，那麼在本書成書時，你的最佳策略可能是與瀏覽LinkedIn、臉書、YouTube以及和播

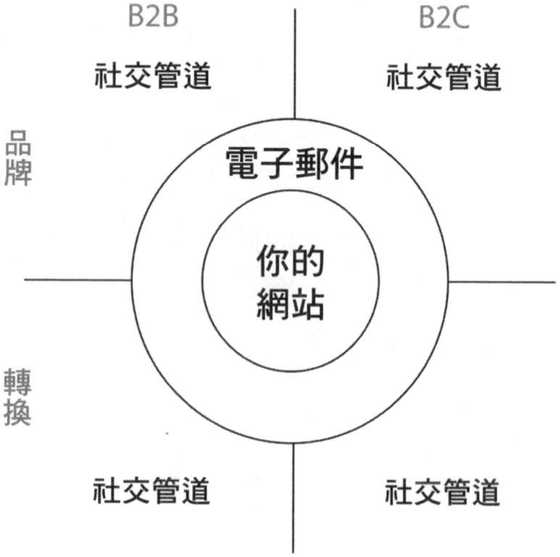

客的人聯繫。如果你是一間對轉換感興趣B2B的公司，你可能要以Google搜尋、SlideShare或相關公司的電子郵件名單為目標。

如果你在為B2C建立品牌，你可以去尋覓與B2B相同的許多地方，但跳過LinkedIn，轉而使用Instagram和Reddit。如果你是B2C，並以轉換為目標，你就會想要看看Pinterest和Instagram。

你計畫與你受眾連接的管道能幫助你確定要創造的內容類型，以及你所講述的故事應配合那些管道。

由此開始的策略很簡單。每個故事至少

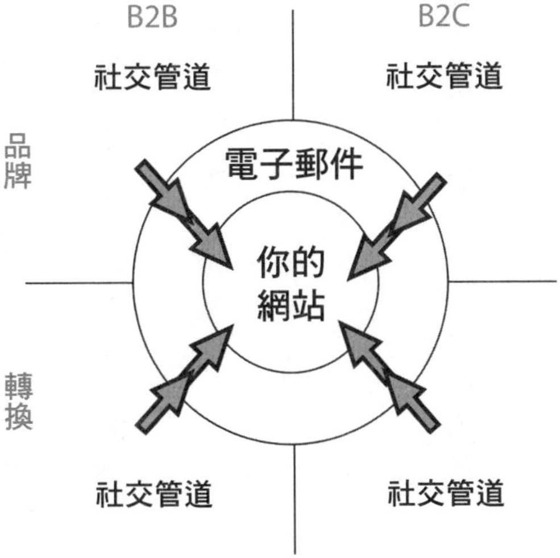

都應該讓受眾更接近靶心正中央一步。你的 LinkedIn 貼文或 YouTube 影片應鼓勵人們透過訂閱，以從電郵收到更多內容。而你電郵中的精彩內容應該要吸引用戶一次次地上你的網站。

我要再次說明的是，隨著時間推移，平台將再次發生變化，但這種方法論的背後原則不應改變。★

一旦你有了如何連結的總策略，就可以想出要創造的故事。

創造：故事的漏斗矩陣

如同俳句的參數讓人更容易寫出一首詩，下圖的這些參數也有助於你按我們方才說明的方式，想出和人連結的故事。

我們稱這種俳句策略為「漏斗矩陣」（funnel-matrix）。

漏斗矩陣有兩個維度。第一個維度大略反映出一般行銷漏斗的階段：知覺、考量和獲取，而這些元素又大略反映出我們的靶心：當你的受眾花時間在網路上的某個管道時，你試圖讓他們注意你。當你能吸引受眾注意時，就是在嘗試讓他們考慮與你做生意。當你讓他們與你的業務員談話時，你就是想獲得他們的業務。

你要說的故事將取決於你與受眾目前的關係——若以行銷人常用的男女約會類比，就是你們這一對的關係目前處在什麼地方。

在你們頭一次邂逅時，你們的談話往往以雙方共同的事情為主——你們共同的興趣和價值觀。這就是為什麼這麼多人會聊天氣的原因，天氣影響每個人，所以這是我們大家的共同點。

你初識某人時，可能不會深談你的健康問題，也可能不會分享關於你親朋好友的私密細節。

但你們認識一陣子之後，就可能開始分享上述的一些內容，尤其若你倆的第一

注｜我們在電子書《內容行銷方法論》（Content Marketing Methodology）中，深入探討了這一策略的根本。如有興趣進一步探索，請參考：http://contently.com/resources。

次約會很順利。你可能會開始描繪你夢想的生活：你想居住的地方、理想的職業生涯、想去什麼地方旅行。雖然你不應該在此時求婚，以免嚇跑對方，但你會開始分享更多關於自己的事——你關心什麼，以及你想要什麼。

到第三或第四次約會，你會自然地分享更多的個人故事。這是關係發展的方式。（請注意，約會時，我們說的故事有多重要。故事不僅可做為行銷和出版之用！）

這把我們帶回到說故事的漏斗矩陣。在一段關係的開始，你應該說雙方共同興趣和價值觀的故事。隨著關係發展，你可以講述你生活中人們（如你的顧客或員工）的故事。最後，隨著你們關係發展越來越認真，你就可以講述關於你的產品和服務的故事。

漏斗矩陣的第二個維度為你的內容創造策略計畫增加了額外協助。這是直接來自新聞編輯部的劇本。

這個維度的主旨是根據時間，把你講述的故事分成三個或更多類別：與新聞或時事相關的即時故事；和一年中某些時期相關的季節性故事；以及無論觀眾何時看到或聽到，都有價值的常青故事。

以我們的客戶美國運通（American Express）為例。美國運通旗下的 Amex's OPEN 信用卡系列想要小企業主知道，有公司在關心他們。建立這種信任是他們 B2B 建立品牌的關鍵元素，因此他們到處說故事，尤其是在 OPEN 論壇（OPEN Forum），這個論壇是內容中心也是新聞信件，每個月都吸引數百萬名小企業主。論壇最關心的，是保持小企業主們最優先的注意，而非推動轉換或談論美國運通的產品。

相反地，他們講述了小企業主如何處理徵才和成長等挑戰的故事。這些就是常青故事的例子。

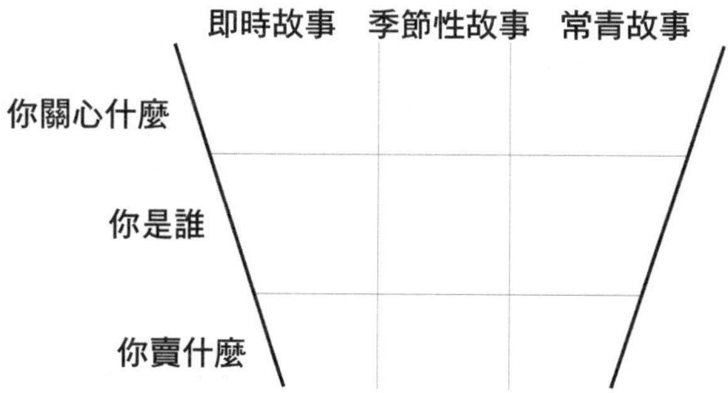

有時候，OPEN 論壇會穿插新聞中發生的相關事件，寫它們如何影響小企業主的故事，例如新的加班法規和稅收政策。這些是及時＋上層的漏斗故事。

美國運通每年有一天會贊助名為小企業星期六（Small Business Saturday）的假期，鼓勵消費者在本地企業而非全國性的大企業購物。為了事前的宣傳，美國運通也製作了關於全國各地小企業如何促成當地社區改變的影片。這些就是季節性的故事。

Shinola 關於工廠工人以及他們改造底特律使命的故事是關於價值（拯救美國的工作）以及公司／員工。因此它們是常青＋上層中層的漏斗故事。

「奇異報告」敘述了奇異如何發明真正傑出（但沒有要你購買）的產品故事，這是中層漏斗，且往往是及時的——因為公司報告了新的創意，但也可算是常青的，因為在新聞過去之後，許多故事仍然很有趣。

我們先前所談的 Groupon 故事屬於及時加底層漏斗的範疇。它們是 Groupon 希望你在特定的某日購買促銷產品的故事。

關於 Zady 靛藍緊身牛仔褲的故事是屬於常青＋底層漏斗。它們隨時都在。

最明智的品牌故事講述者會持續尋找資料，以便在漏斗的每個階段和靶心的每個細部，講述受眾感興趣的故事。他們對此著迷，因他們知道，這就是他們的祕密武器。

改進：提升效能

要解釋飛輪的最後一步，我們要用個較之於內容，喬更愛談的話題：籃球。

你可能已經聽說過籃球傳奇人物勒布朗・詹姆斯（LeBron James），但除非你是像喬一樣的球迷，否則恐怕不會知道，詹姆斯在邁阿密熱火隊連續四次打入NBA總決賽背後的功臣。詹姆斯和他的隊友們之所以能創下這麼精彩的戰績，多半得歸功於他們隊上十分著重數據的年輕教練艾瑞克・史波史特拉（Erik Spoelstra）。

二〇一〇年詹姆斯加入熱浪隊時，他和隊友超級巨星德維恩・魏德（Dwyane Wade）和克里斯・波許（Chris Bosh）三巨頭努力想要密切合作。他們天賦絕佳，但聚在一起打球卻出乎意料地嘗到敗績。詹姆斯在熱火隊的第一個球季表現很糟，體育記者公開質疑，這支球隊是否註定會完蛋。

原來詹姆斯和隊友需要的，並不是怎麼把球打好——他們原本各自就已經是偉大的球員了，他們需要的是在他們面對每個獨特對手時，如何調整他們一起合作的比賽風格。

教練史波史特拉是讓他們以正確方式思考這一點的人——他用資料證明這一點。初期他們一敗塗地時，史波史特拉並沒有向球隊總裁施壓，要求他們倉促交易球員，把其中一位明星送走。

相反地，這位年輕教練採用先進的統計數據，探究熱火為什麼會輸給不同類型的球隊——以及他們該怎麼改變這個情況。

對不經意的觀眾來說，熱火在這些球員同隊的第一年和第二年之間，似乎並非截然不同的球隊，但研究比賽細節的人就看出了史波史特拉的調整有多重要。他讓球隊採取了非正統的積極防守風格，彌補了球員球技高明但體型矮小的缺點。進攻方面，他突破一對一的緊迫盯人，改為間距系統，讓球員有機會投底線三分球，三分球被公認是最有效率的投籃，因它距離只有二十二呎，卻值三分。

熱火隊叱吒風雲的故事通常集中在詹姆斯身上，但在很多方面，幕後英雄是史波史特拉——這位高瘦的怪咖教練，他如果參加行銷會議一定能融入其中。他知道沒有一招萬靈的籃球戰略，他用明智的分析來做其他教練沒有做的事：迅速調整球員的策略。這讓熱火得到了出人頭地所需的優勢。

要發揮成功的內容作業，你就必須擁抱你內心的「史波史特拉」。（申恩認為，我們在這裡可以用「怪咖」一詞，但喬堅持要用「史波史特拉」，而且還要告訴大家，申恩看球時會問這樣的問題，「球在壞人手上嗎？」）因為不管再怎麼討論大數據，許多行銷人員仍很難把數字轉化為行動。他們會有這種掙扎，部分原因在於他們不知道哪些指標很重要，另一部分則因為他們並非每天都這麼做，未能仔細研究這些指標，創造出最成功的內容。

如果熱火是由頑固的老派教練執教，堅持以其實無效的射門（長距離兩分球）攻勢進攻，詹姆斯很可能會在熱火隊拿不到總冠軍的情況下離開球隊。同樣地，頑固、堅持先入為主之內容策略的品牌永遠難以發揮全部潛力。

好消息是，用內容製作以數據為主的智慧決策比以往任何時候都容易。只要擁有合適的工具，了解如何衡量內容以反映你的目標，就可以創造強大的系統，推動你的內容向前邁進。

飛輪的第三步就是在競爭對手和冠軍之間造成區別。它是透過智慧分析，調整前面兩個步驟（創造和連結）。

描述這個過程的簡單方法，就是查看效果良好的故事，找出這些故事的共同元素，並採用更多這些元素。

我們喜歡以永無止境的賽馬比喻。讓十匹馬賽跑，然後讓獲勝的前兩匹馬生出更多馬匹，再讓所有這些馬兒們賽跑，然後一再重複。

但你怎麼知道，獲勝的故事是什麼樣子？哪些內容指標真正重要？

這可能是我們最常被問到的問題。我們喜歡這個問題的措詞方式，因為聽起來彷彿我們正慎重考慮奧斯卡獎。

喬，今年真正重要的是哪個指標？

唔，我認為品牌知名度對我們的文化意識產生了巨大影響，不是嗎？

內容行銷的一個誘惑是把指標劃分為兩個陣營：無用和神奇。但在內容分析方面，並沒有絕對的指標。

我們非常相信BuzzFeed理論，即所有資訊都是有用的，並沒有「神奇的指標」。按BuzzFeed前任數據科學主任凱．哈林（Ky Harlin）的說法，「什麼都不做，恐怕比只專注在單一指標上還好，因為你很容易得出錯誤的結論。」

接下來，是另一件會導致錯誤結論的事：一開始就不知道自己為什麼要創造內容。

根據內容行銷研究所（Content Marketing Institute）二〇一六和二〇一七年

的研究，近三分之二的行銷人員在沒有任何書面策略的情況下創造內容，逾半B2B和B2C行銷人員不確定成功內容計畫的模樣。這是內容行銷目前最大的問題。若你不知道自己想透過內容達到什麼目標，就無法了解哪些分析方法最重要。

你公司的業務目標應該要決定你的內容目標，而你的內容目標又應決定你衡量的關鍵績效指標（Key Performance Indicators，簡稱KPI）。以下是喬與分析師蕾貝卡・利布（Rebecca Lieb）一起撰寫的「內容方法最佳實踐報告」中的範例**（左表）**：

若你最關心的是品牌知名度指標，就該仔細觀察人們對你製作內容的參與程度。

我們有幸能有Contently分析，得以衡量Google Analytics沒有的許多用戶互動指標，以下幾項是我們個人的最愛：

業務目標	內容目標	KPIs
教育	培養品牌知名度：藉由建立品牌的受眾，在市場上建立長久地位。	・總注意時間 ・總人數 ・總社會行動 ・讀完故事的平均則數 ・讀每則故事的平均人數 ・社交平台上的意見 ・參與率 ・分享的發言 ・獲得媒體報導
	思想領導：以產業上領先同行的專業知識為區別的因素，建立值得信賴的領導者名聲。	・影響者提及╲分享 ・分享意見 ・分享搜索 ・熱門關鍵字 ・內容引用╲融合 ・每人平均故事 ・總注意時間 ・總人數 ・總社會行動 ・讀完故事的平均則數 ・讀每則故事的平均人數 ・參與率
	品牌情感：長期改進目標受眾對品牌的看法。	・依頻道的情感 ・依影響者的情感 ・依時間的情感
收益成長	**潛在客戶生成：**創造驅動高品質潛在客戶的內容。	・潛在客戶轉換 ・平均潛在客戶分數 ・銷售團隊確認的潛在客戶（SQLs） ・機會 ・搜尋流量 ・回訪率
	潛在客戶培育：讓潛在客戶經過漏斗，直到他們成為客戶。	・按 SQL 計的回訪率 ・培育潛在客戶的電子郵件點擊率（CTR） ・轉換時間 ・每位客戶的成本
顧客體驗	**忠誠度**	・回訪率 ・電郵訂閱率 ・社交媒體追蹤數的增長 ・當前客戶閱讀的平均內容則數
	顧客服務	・使用數位內容和工具解決的服務問題數量 ・服務工具評級

投入型讀者

花十五秒以上閱讀每則內容的人數。

分享

仍然很重要。當人們願意不遺餘力與他們的社交網分享你的內容時，自有其意義。

平均注意時間

人們花在捲動瀏覽、點擊、反白顯示，並關注你的內容所花的平均時間。（換言之，不只因為留著開啟的網頁而起身用微波爐加熱冷凍食品的時間——在此並非對冷凍食品不敬。）

平均讀完率

人們讀你的故事時讀到哪裡？如果只讀了25％，那你可能下錯了標題，或寫了糟糕的引言。若他們平均讀到故事的90％，那你做得很好。

社媒流量的提升

這個簡單的計算——（分享／觀點＋1）告訴你，一個故事可能獲得多少額外的社媒流量，這將有助於你進行優先分配。

每人平均閱讀的故事則數

人們是否停下來閱讀一則以上的故事？

媒體分數

基本上，是指因內容獲得重量級出版物提及所得的分數，視出版品與你目標受眾的相關度，以及提及次數多寡而定。我們在原創研究上投入巨資最大的原因之一，就是它能讓我們獲得主流媒體的報導，比如我們與紐約市立大學（CUNY）一起在二〇一六年十二月發表了消費者對本土廣告認知的深入研究。Digiday 報導了我們的研究，這可以獲得加權的媒體分數。若是馴狗網站 NYCDoggies.com 提及我們的研究，就會獲得較低的分數——在此無意對 NYCDoggies.com 不敬。

若你擔心培養潛在客戶的問題，依舊想檢查參與度指標——正如我們先前提到的，在你和某人頭一次約會後，對方不太可能馬上和你結婚（或向你購物）。在與他們建立關係後，你的「轉換」（不論愛情或利潤）機率會高得多。但還有其他指標可以幫助你了解，你的內容對培養潛在客戶有多少貢獻。

電郵轉換率

偉大故事的最佳指標之一，就是它說服受眾訂閱我們的電子通訊。

潛在客戶轉換率

如果能說服他們表現出對昂貴軟體的興趣，就更好了。

潛在客戶分數

基於多種因素（公司規模、職稱頭銜、產業和其他資訊），潛在客戶轉為客戶的可能性有多大。

機會

經由內容進入我們的行銷漏斗，並向我們的銷售人員表達有意成為顧客的人。例如在Contently，我們有超過50%的機會來自閱讀我們內容或下載電子書的人。

我們還可以繼續說出許多指標。選擇你最愛的內容指標就像選擇最喜歡的忍者龜。雖然若我們告訴十歲的自己，二十年內忍者龜在我們的生活中將被內容指標取代，他們可能會哭。但十歲的自己還是會告訴你，我們最喜歡的忍者龜是拉斐爾，不許囉嗦。

正如我們先前提到的，另一個最佳作法是標記你的故事（按主題、人物、格式等），並比較生產指標和績效指標。這樣你就看得出來哪些故事之於你的ＫＰＩ不足或超額。基本上你可以創造數十場不同的賽馬，確定勝利者後，再據此改變你的內容策略。這些是我們應準備好的見解類型，在執行長發電郵給我們，問我們剛剛為什麼發表了一個挑戰受眾的測驗，以確定標題該是關於寶可夢或金．卡戴珊（Kim Kardashian）時，我們才能胸有成竹。（這正是我們在二〇一六年夏天最受歡迎的故事之一——當時是比較天真的時代。）

這又帶來了另一個重點。通常，這個過程的價值一方面在於提高你內容的品質，一方面也是向指揮鏈上級報告你的成功，並獲得更多資源，以製作更具野心的內容。

我們建議，使用你的資料來講述關於你內容成功的簡短視覺系故事。選擇三到四個資料點，顯示你的內容工作可以幫到業務。展示你的進展。以幾種不同的方式傳達資訊。發送電子郵件。把它放上Slack。在下次全體會議上要求報告十分鐘。當然，這麼做可能會讓人覺得你很煩，但你也能保住工作。

若你和執行長同名，這也會有所幫助。許多人一直向我們的執行長喬．科爾曼稱讚我們的部落格「內容策略家」，他們誤以為他是喬．拉佐斯卡斯。（科爾曼是個超級分析家，但我們暗中懷疑，這就是他為什麼要保留我們編輯團隊的原因。）不過正面回饋的實例總是有幫助。如果客戶和潛在客戶喜歡你的內容，並說了出來，請務必告知你的高層主管，這就是「前進」按鈕的用途所在。

06

品牌新聞編輯室

英國體育用品公司銳步（Reebok）的資深主管丹·梅賽站在椅子上，在白板上寫下故事的點子。十幾名工作人員圍著他、坐在沙發及五顏六色的凳子上。

「女巫？」
「是的，健身女巫。她在曼哈頓的神祕魔法商店『魅惑』工作，她是高級健身房的訓練員。」
「把整個健身的哥德次文化潮流帶到全新的境界。」
「健身的哥德次文化潮流？」
「哎喲天啊，是的。大家都穿著一身黑去健身。包厘街就有一間這種健身房。你能不能搜尋一下？它的天花板上掛著一輛飛輪車。」
「所以，她就成了我們的哥德次文化健身專家？」

梅賽表示，他們試著和每週上五次健身房、努力健身並辛勤運動的人們建立聯繫。

七月某日早上九點，在銳步（Reebok）的新聞編輯室，一個叫做「狂想」（Binge Think）的腦力激盪會議正在熱身。

我們走進室內時，銳步全球新聞編輯室的資深主管丹・梅賽（Dan Mazei）正站在椅子上，在白板上寫下故事的點子。十幾名工作人員圍著他坐在沙發及五顏六色的凳子上。每個人都很年輕健康。我們覺得，自己彷彿走進了辦公室喜劇的場景，隨後聽到大家的戲謔之詞也證實了我們的想法沒錯。

Refinery29★昨天的標題是：「如假包換的健身女巫給我們的神奇建議。」

「女巫？」

「是的，健身女巫。她在曼哈頓的神祕魔法商店「魅惑」（Enchantments）工作，她是高級健身房 Equinox 的訓練員。」

「把整個健身的哥德次文化潮流帶到全新的境界。」

「健身的哥德次文化潮流？」

「哎喲天啊，是的。大家都穿著一身黑健身。包厘街（Bowery，在曼哈頓）

就有一間這種健身房。你能不能搜尋一下？它的天花板上掛著一輛飛輪車。」

「所以，她就成了我們的哥德次文化健身專家？」

會議像這樣持續了一個小時。最後梅賽踮著腳，用盡每吋可用的白板空間。這個團隊擬定了一個計畫，兩天後，要請一名頗有影響力的十五歲舉重員拍攝影片。他們會給他像Skip-It跳繩球這種老式玩具，看看他會對原本要給千禧世代用的古早玩具反應如何。

這個團隊還決定了六篇部落格貼文——由室內健身常規到如何幫助你度過熱浪，再到一位前辣妹合唱團（Spice Girl）成員大發厥詞的採訪。

他們解散後，各自回到自己的位置，整個團隊似乎充滿活力。只剩我們盯著白板，驚嘆這個「品牌新聞編輯室」（brand newsroom）與現代媒體中最時髦（也最成功）的「傳統」新聞編輯室有多麼相似。

譯注　一家針對女性的數位生活媒體公司，其網站內容包括時尚、新聞、政治社會、職業規畫、養生及兩性問題。

人才競賽

就在不久前，「品牌新聞編輯室」這個詞聽來似乎自相矛盾。但隨著世人越來越忌諱干擾式的廣告，大企業開始由媒體上獲取如何與目標受眾建立聯繫的線索。在上次的統計中，78％的行銷長表示，行銷的未來在於內容——說故事！因此許多人已開始建立像是 Reebok 新聞編輯室這種關於公司內部的內容團隊。

但要建立可以創造出最佳內容的品牌新聞編輯室，品牌就必須與傳統出版業競爭，以吸引最優秀的創意人才。這在開頭非常困難，因許多富創造力的人仍志在傳統媒體。在許多電影和新聞學院畢業生眼中，到 Vice 媒體工作，還是在德意志銀行上班，這可有很大的不同。

然而，隨著各品牌模仿 BuzzFeed 和 Vice 等時尚媒體，成立開放式環境的新聞編輯室，也有越來越多人改變了想法。

在 Reebok 舒適明亮的新聞編輯室中，「狂想」會議讓大家感受到「新創公司」

的氛圍，你可以自由提出任何想法，無論它有多荒謬，你也會感受到大家對精彩故事的重視勝過行銷的官樣文章。

Reebok 的這些會議由梅賽發起。梅賽原本在愛德曼公關顧問公司（Edelman PR）工作，二〇一五年底進入 Reebok，負責領導 Reebok 的內容工作，以激發更大的彈性。他告訴我們：「要擁抱創造力，必須極其靈活。我們以新聞編輯室的方式運作，這是一種有益的動力，因我們不該只會坐在辦公桌前埋頭苦幹。」

Reebok 的新聞編輯室策略是一種讓品牌在以媒體為中心的世界中重塑自我，並與競爭對手有所區別的方式。它沒有與耐吉（Nike）或安德瑪（Under Armour）正面交鋒，爭取大牌的運動員代言，而是把精力集中在透過故事培養與利基社區的關係上。

尤其，Reebok 的新聞編輯室花很多時間為 CrossFit（混合健身）迷講故事，因為該品牌贊助了 CrossFit 賽事。這種內容策略有助於 Reebok 與 CrossFit 愛好者在非競賽期間依舊保持聯繫。

「我們的品牌特質是，我們已經走向完全不同的方向，」梅賽說：「我們試著和每週上五次健身房、努力健身並辛勤運動的人們建立聯繫。」

為了與這些利基受眾建立連結，這個運動服裝品牌決定不再像行銷人員那樣思考，而改像出版者一樣思考。

虛擬新聞室

成立新聞編輯室可能是一項重大承諾。空間、裝潢和全職員工的費用恐怕所費不貲。

好消息是，如今你完全可以擁有新聞編輯室，而不需要大筆花費。對每個像雀巢和 Reebok 那樣、在總公司內成立迷你 BuzzFeed 的企業而言，都可以有不需占據實體空間的品牌新聞編輯室。

這是我們在 Contently 親眼目睹過的事實。數以百計的品牌使用我們的平台，建立包括編輯、作家、設計師和錄影師的團隊，並採用全然虛擬的方法管理他們的內容作業。他們建立遠距團隊，使用軟體管理「飛輪」，並透過通話軟體、FaceTime 或電話來通訊。

在像是 SoFi 網站前內容行銷總監大衛・加德納（David Gardner）這類人士眼中，這種安排十分合乎邏輯。「因為我們公司內部沒有撰文者，所以選擇了 Contently 的自由接案作者的網路，」加德納說：「我們還需要一位主編來改善內容和管理作者。」

或以業務流程外包的簡柏特（Genpact）公司為例，它運用 Contently 與數十位撰稿者迅速建立全球新聞編輯室，而不必忍受建立內部團隊的費力過程。

透過軟體平台建立的虛擬品牌新聞編輯室有很大的意義。自由接案者可在自己家裡舒適地工作，並獲得很好的報酬。品牌可以快速建立並維持新聞編輯室，而無需招聘全職員工，這讓他們可以創意運用原本要花在人事上的預算。幾年前，虛擬編輯室的作法還很難實現，但內容行銷科技的進步使它成為越來越有吸引力的選項。

你喜歡什麼類型的新聞室？

希望被人聽到的品牌，不可避免地要投資內容。根據內容行銷研究所二〇一七年製作的基準報告，89％的B2B行銷人員和86％的B2C行銷人員如今已在為行銷目的製作內容。兩個團體中，都有逾40％的行銷人員表示，他們的內容行銷預算將會增加。

在這個過程中，我們可能會看到一些不同的模型出現。有些——如Reebok、摩根大通集團（JPMorgan Chase），和Casper會成立類似數位出版業者總公司的內部新聞編輯室。其他如：簡柏特和SoFi，則會運用內容科技以小搏大，以及利用自由接案的創意人才網路。另外，也有像萬豪酒店這樣的公司，雖然在世界各地都有實體的品牌新聞編輯室，但也有由自由接案者組成的旅遊雜誌，並採內容行銷科技來連結全球的團隊。

多年來，「品牌新聞室」一直是最受奚落的行銷用語之一。但未來，尋找並維持頂尖人才的壓力會創造一些教人意想不到的內容行銷新模式。品牌必須根據它們的需要，決定什麼才是適合它們的文化、預算和資源。但有件事是肯定的：未來將有比以往更具吸引力的選擇。

換句話說，當說故事對所有公司都日益重要之際，障礙也正在消除。

07

品牌說故事的未來

Vice、《浮華世界》和瑞銀（UBS）集團走進一間酒吧……

等等，那其實不是酒吧，而是一間會議室。這三個看似風馬牛不相及的企業——一家是出名的時尚雜誌品牌，另一間是前衛的媒體帝國，還有一個是金融服務巨頭，他們準備合作，讓舉世最難接觸的受眾建立關係。

其結果就是 Unlimited，這是因應富裕千禧世代及和女性的需求和知性好奇而設計的網站。它呈現了五花八門的觀點，從物理學者史蒂芬．霍金到英國名模莉莉．柯爾等的看法都包括在內。

這個網站為瑞銀立了大功，吸引了先前幾乎沒有理由注意他們及其財富管理服務的受眾。

一九五六年，一團神秘的植物孢子吹進了加州的聖塔米拉鎮（Santa Mira）。整個鎮開始變得陰陽怪氣。

巨大的綠豆莢開始在鎮內生長。但更奇怪的是，當地居民突然不約而同都去看精神科醫師，每位病人患的都是卡普格拉妄想症（Capgras delusion）——認為你認識的人不再是他本人。很快地，醫師開始恐慌；他們自己的親朋好友也開始表現得很奇怪。他們像殭屍一樣茫然地瞪著眼睛四處漫遊。

沒多久，集體歇斯底里的流行病爆發了。

原來病人是對的。他們的親人已遭取代。

被外星人取代。

植物孢子來自外太空，豆莢趁人睡覺時把他們吃掉，在夜裡重新生成外表相同的複製品，也就是沒有人格的殭屍副本。

很快地，幾乎每個聖塔米拉鎮的居民都變成了豆莢人。同一個空殼的上千個版本徘徊於街頭巷尾。

當然，這並不是真的。這是經典電影《天外魔花》（*Invasion of the Body Snatchers*）的情節。

但如果我們不謹慎，這就是講述商業故事這行可能發生的情況。殭屍化的情況已經展開。數以百萬計聰明的行銷人員已被內容病毒感染。他們接受了如下的想法：故事和教育能建立關係，使人們能以商業推銷和行動呼籲辦不到的方式展開關注。這是件好事！只可惜由於內容很困難，許多人因而昏昏沉睡、隨波逐流。或者更糟的是——採用傳統的侵入式廣告策略，卻稱之為說故事。

這聽來可能有點悲觀。商業界裡的確有很多講述偉大故事的情況，但警告的訊號也很清楚。

在Contently，我們每個月都會接到數千個請求，各企業要求我們提供內容方面的協助。我們與數百家世界頂級品牌出版商合作，協助他們創造和管理內容行銷。我們部落格定期報導的品牌內容業新聞，比其他任何出版品都還多。基於對這種環境和未來情況的了解，我們視殭屍內容（zombie content）為品牌出版業者發展的最大挑戰。

兩種力量造成了這個現象。首先，品牌內容業開始趨於飽和。就像當年任何人都可以錄下自己的音樂，透過網際網路免費發布一樣，不久後，網路上充斥無數的音樂作品，其中很多不是很糟糕，就是很乏味。（我們很想附上我們自己的樂隊在Myspace舊頁面的連結，但那太難為情了！）過了一陣子，要在Myspace的殭屍中找到好的新藝人就很難了。

第二件事情是，許多不擅長內容的賣家正在銷售殭屍豆莢。專精其他事情的代理商在他們的舊產品中濫用內容一詞，他們是「我也是」（Me too）技術賣家。具有品牌內容工作室的出版者利用的是出版商的名聲，但卻做出低劣的工作。結果得出的便是：殭屍內容。

根據我們所有的報告、研究以及親自在做的內容，未來的品牌必須要做三件重要的事，才能避免成為豆莢人，並確實由說故事中獲得成果。

我們相信，未來屬於那些能做對以下這些事的人。

#1：說突破性的高品質故事

在十九、二十世紀之交，愛迪生推出了一項改變世界的新發明——活動視鏡（kinetoscope），這是舉世第一個可以顯示動態圖像的設備。那本質上就是電影放映機。

在愛迪生發表了活動視鏡、隨後進行多次更新後，他隆重地舉辦活動並播放電影。在當今的網路檔案中可以找到這其中的某些早期電影。以如今的標準來看，這些影片很粗糙，但當時它們卻顯得十分神奇。

在一九〇三年一次這樣的場合上，前來參加的紐約市民盛妝出席，前來觀看一部十分特別的愛迪生電影——最新、最偉大的影片。他們穿著燕尾服和禮服，在劇院外面排隊。隨著燈光變暗，他們坐了下來，動人的畫面開始了，教觀眾震驚地喘不過氣來。黑白的影像栩栩如生。

這部影片的內容是，三個人在垃圾平底船上鏟垃圾。

如此而已，他們鏟了幾分鐘的垃圾。

這部電影實際上就是垃圾。

你可以想像嗎？大家為了期待這次放映盛會而買了毛皮，爭論該由誰照顧孩子。他們坐在豪華的座位上，喝白蘭地和香檳……看垃圾。

他們之所以願意這樣做，是因為這個媒體本身十分新奇。電影非常酷，因此大家願意出席，觀賞不論任何內容都行，甚至連垃圾也沒關係。

但這並沒有持續多久。二十世紀頭十年，美國電影業製作了二十三部電影。在接下來十年，製作了逾四千部電影，再接下來十年，製作了近七千部電影。

但接下來每十年製作的電影數量急劇下降。到了一九六〇年代，每年只製作幾百部電影。

那是因為除非垃圾很新奇，否則它並不那麼有趣。一陣子後，觀眾不再觀賞爛片，因此投資製作電影的人數減少了。

電影業了解到，光是製作電影還不夠。要讓人們上電影院，電影就必須要有好故事。

一九七〇年許多了不起的好片誕生，真正扭轉了局面。《星際大戰》、《教父》和其他影片帶來了引人入勝的故事，突破了如新聞、電視節目和吵嚷的孩子等其他爭奪他們注意力的喧鬧。

在與受眾溝通的每種新方式中，相同的模式出現了。我們總是對最新的東西感到興奮，無論是收音機、網際網路還是Snapchat，我們都會關注，即使垃圾亦然。但到頭來，我們在這些平台上會對為內容而內容者喪失興趣，最後只想要很精彩的內容——不然我們就會去做其他事了。

如今的內容行銷也有類似情況。品牌在部落格上貼文，製作資訊圖表（infographic）和社媒影片，這種作法當時雖然很新奇，但現在已經習以為常。這就是為什麼，未來屬於能創造出內容比別人好得多的品牌，沒人會指責它們是殭屍。

整個 Myspace 就是這個情況，這並非巧合。一旦任何人都能製作音樂，並把作品放到網際網路上，網路上就滿是殭屍曲調。很快地，一般人彈吉他的 YouTube 影片就不再有趣。它成了豆莢人的曲子，直到有一天，賈斯汀．比伯（Justin Bieber）出現了——真不敢相信我們會這麼說。比伯十三歲時，音樂行銷人員史庫特．布勞恩（Scooter Braun）偶然間看到了比伯的原聲吉他家庭錄影帶，留下了深刻的印象，於是把比伯帶到亞特蘭大去見亞瑟小子（Usher）。

比伯很快成了明星。其他很多像他一樣的人也是。他們原本是沒沒無聞的歌手，永遠沒有出頭的一天，但他們藉著創造內容，從垃圾中脫穎而出，掌握了自己的命運。

一九七〇年代許多精彩的電影拍出來了，其原因有二：有遠見的導演創造了動人的故事，並改進了電影拍攝手法和特殊效果的技術。

未來企業的說故事者會把自己當成導演，如史蒂芬．史匹柏（Steven Spielberg）或凱瑟琳．畢格羅（Kathryn Bigelow），他們奉派製作比殭屍比賽好上十倍的故事——只要他們有連貫的計畫。這也就是我們即將要談的下一個關鍵……

#2：嚴謹的策略

每年九月，成千上萬的行銷人員和其他企業界人士都會聚在俄亥俄州的克利夫蘭（Cleverland），參加名為「內容行銷世界」（Content Marketing World）的商業說故事會議。過去幾年，一次次的報告都提出了一張圖表，其模樣如下：**（下圖）**

這張圖表顯示，在Google搜尋「內容行銷」此一專有名詞的次數呈爆炸性增長，「內容行銷」是以企業說故事為主之大型產業的總稱。參加「內容行銷世界」的人都喜歡這張圖表，基本上那是他們的《樂高玩電影》（*The Lego Movie*）的主題曲

歷來 Google 搜尋的興趣：內容行銷

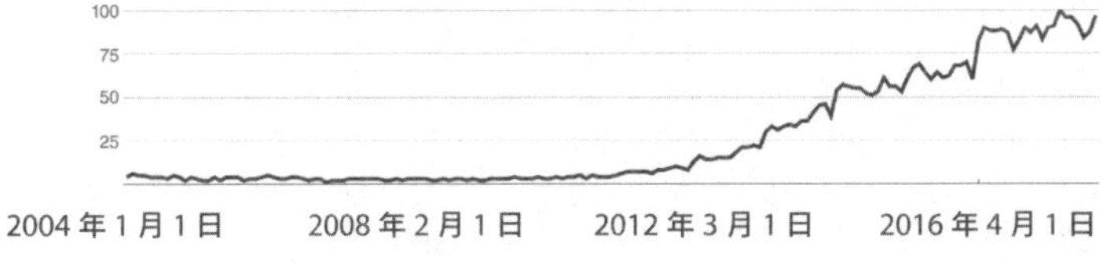

「一切都超級讚」（*Everything Is Awesome*）。（「內容行銷世界」的任何一位與會者都會告訴你，《樂高玩電影》是歷來最偉大的內容行銷計畫。）

雖然這張圖表很有意思——也扼要反映了人們對企業說故事的興趣正蓬勃成長，但它卻沒有說出完整的故事。儘管多數公司已明白，要在嘈雜的數位世界中有所突破，偉大的故事講述就攸關緊要，但他們之中有很多人在試圖把說故事融入業務中時，都經歷過嚴重的成長痛苦。

其實他們經歷了許多早期製片人遭遇過的相同挑戰，其中最明顯的是，他們的故事有很多都不太好。他們遇到了與當年模仿愛迪生製片的人相同的垃圾問題。

這種情況在新的行銷領域非常普遍。最具權威的顧問公司之一高德納公司（Gartner）就在「技術成熟度曲線」（Hype Cycle，或譯光環曲線、炒作周期）中提到了這一點，這個曲線描繪了新行銷技術和領域的演變，說出的故事比上一頁的「搜尋趨勢圖」更豐富且更有趣。在本書付梓之際，高德納公司在二〇一六年十一月發表了最新的「技術成熟度曲線」，請看內容行銷落在何處——正落在高德納公司稱之為「幻滅的低谷」那裡**（見下圖）**。

這個「幻滅的低谷」，恐怕是我們在行銷上所聽到最令人沮喪的名詞。最糟糕的是，新興產業無法真正避免它。首先，人人都會因為科技部落格的吹捧報導、廣告雜誌的趨勢故事，以及產業先驅迷人創始人預言式的思想領導而興奮莫名。有些早期採用者也大獲成功，因此大肆宣傳。但隨後人人都參與其中，因此每一步都會出現阻力和障礙，尤其大型組織中。品牌需等待，而供應商則為了滿足他們的需求而造成混亂，因此期望消滅、幻想破滅。

基本上，每個人都會感到悲傷和沮喪。

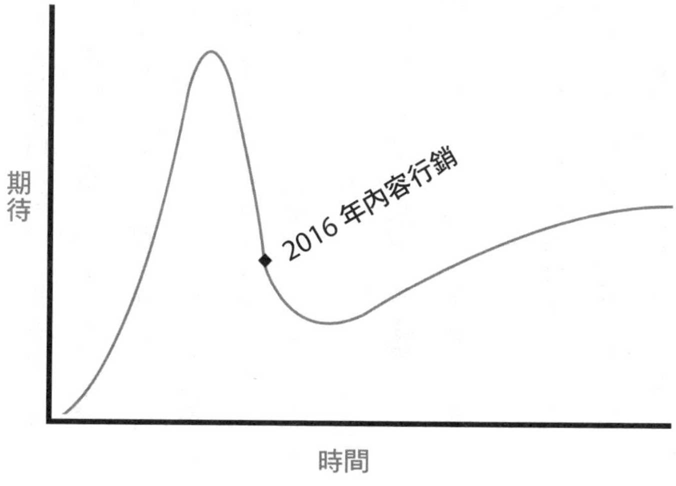

內容行銷的炒作週期始於二〇一二年，應該不會有任何人對此感到驚訝。那時消費者很明顯不再花那麼多時間注意傳統廣告。他們不再看電視廣告，而是在Netflix和HBO Go上觀賞無廣告的串流節目，或全神貫注於其智慧型手機上。他們不再閱讀報章上的新聞，而是閱讀朋友在臉書上分享的內容。出版者迫切希望挽回局面，因而用展示型廣告霸占網頁，直到這種廣告不再像管道，而更像是瘟疫。

接著，內容行銷出現了，它提出了一個簡單的解決方案：如果品牌只講述人們想看、聽和讀的故事，結果會如何？

早期的例子令人鼓舞。紅牛（Red Bull）首開先河，開創以品牌作為媒體公司的想法，而早期的Contently客戶，如奇異、美國運通和Mint（個人理財網站）也證明，利基行業的B2B組織和公司也可從中獲益。

於是，品牌開始建立內容團隊以為回應，並撥款作為內容行銷的實驗預算。事後看來，這是錯誤的做法。內容並未成為整個品牌行銷作業的燃料，而往往存在於真空中。品牌在公司網站的隱蔽處推出華而不實的部落格，指望它能發揮作用，以為即使這種內容沒有多少付費或自然的宣傳，受眾應該也會發現它。

這種情況發生的原因很簡單。幾乎沒有組織有任何記錄在案的內容策略——現在依然有逾60％的行銷人員仍舊沒有。由於數位時代如此迅速改變了人類行為，行銷人員無法從現有的教育或指導中汲取經驗。我們在本書中提到的各間公司——萬豪、Mint、美國運通、大通銀行、一元刮鬍俱樂部、奇異等的精明行銷人員想出如何把說故事作為其業務核心，從競爭中脫穎而出。他們建立了品牌新聞編輯室，講述精彩的故事，並吸引對其品牌至關重要的受眾。

但其他公司的學習曲線卻陡峭得多。許多企業決定簡單地成立一個部落格，祈禱人們就像《夢幻成真》（*Field of Dreams*）片中凱文．科斯納的幽靈朋友那樣出現。畢竟這樣做，遠比制定一個真正有效的策略容易得多。

在早期掌握品牌故事技巧的成功轟動品牌，和多數努力改變作法以求適應的公司之間，導致了巨大差別。舉例來說，行銷資料公司 Beckon 在二〇一六年所做的研究顯示，前5％的品牌內容掌控了90％的關注。

這是否意味著，內容行銷不再有效？

恰巧相反，它證實一個明顯的事實——只要你創造了原創且精彩的事物，就有機會壟斷消費者的注意力，讓你的競爭對手落在陰影之中。這證明了平庸的內容並沒有效。

然而，根據我們這幾年來所見這個產業的情況，以及幫助數百位 Contently 客戶制定突破性內容策略的經驗，此一差距正在縮小。我們即將走出幻滅的低谷。這是因為品牌終於發現，偉大的內容需與它們行銷和溝通策略的每個部分整合在一起。為達此一目標，這些品牌已經發現他們需要某個舉足輕重的事物。

他們需要科技優勢。這就是我們要談品牌故事未來的第三個關鍵。

#3：技術支援和數據改進

二〇一一年，串流媒體影片服務 Netflix 公司頭一次決定製作新的原創電視劇。

在那之前，該公司只有簡單地購買播映其他公司影視節目的串流執照。

這齣原創電視劇是以政治為題材的《紙牌屋》（*House of Cards*），其以同名的英國劇為本。它請了經常獲獎的凱文・史貝西（Kevin Spacey）主演，並由《社群網戰》（*The Social Network*）及其他賣座大片的導演大衛・芬奇（David Fincher）執導。

這是相當大的投資。電視節目的花費很高，這部由史貝西、芬奇和其他演員擔綱的影集更是如此，兩季的製作費高達一億美元。

但不同於其他由高層的經驗和直覺決定的多數電視劇，Netflix有個祕密武器，可幾乎確保此次投資是值得的。

多數電視和電影製片廠對於觀眾對其作品的反應，只能知道幾點：他們知道有多少人買票和DVD，也會看到影評和爛番茄等網站的評論。但Netflix知道的更多。由於觀眾透過Netflix的應用程式觀賞節目，因此該公司能確切知道，有多少人把這些節目從頭到尾全部看完。它知道觀眾什麼時候停下來，什麼時候倒帶，以及他們接下來看了什麼節目。它不僅知道《公園與遊憩》（*Parks and Recreation*）的觀眾中，多少百分比的人會從第一季看到後面幾季，還知道這些觀眾有多少比例還喜歡其他節目，比如《蝙蝠俠》。

Netflix 透過數據知道了三件事：觀看凱文．史貝西電影的人往往會一直看到最後；觀看大衛．芬奇電影的人往往還看這位導演的其他許多電影；觀看英劇《紙牌屋》的人往往會一口氣追完全部的劇。★

Netflix 有了上面這些數據，因此製作新的《紙牌屋》時就不再顯得那麼離譜。且教你料想不到的是，《大西洋》雜誌（the Atlantic）所做的分析顯示，因為這個節目使 Netflix 的新用戶數增加，該公司一億美元的賭注不到三個月就回本了。

此後，Netflix 以同樣的數據驅動方法，推動了許多新節目：《女子監獄》（*Orange Is the New Black*）、《製造殺人犯》（*Making a Murderer*）、《潔西卡瓊斯》（*Jessica Jones*）和《怪奇物語》（*Stranger Things*）等。

眾所周知的是，在一般電視節目中，有近三分之二的新節目都無法續拍第二季。但 Netflix 的原創節目續拍第二季的比例是一般電視劇的兩倍，只有30%的Netflix 原創節目拍完一季後遭到腰斬。

由於 Netflix 運用技術和數據的方法，其節目的表現是其他電視市場的兩倍。它的故事也為品牌上了一課：若你能創造出與特定受眾交流的內容，就可以吸引能讓你更有效保持業務發展的訂戶。每月支付 Netflix 八美元的超級忠實用戶雖然數量較少，但卻比觀看 CBS 商業廣告的大量觀眾更有利潤。

同樣地，數量相對較少的忠實讀者或品牌自身內容的受眾，他們對品牌的價值遠超過網際網路其他部分的一堆廣告印象。

這是未來每一種內容媒體的作業方式，不僅只是電視娛樂節目而已。聰明使用數據和科技的創作者和公司，將比其他人擁有更大的優勢。

隨著時間推移，這只會益發真實，因為科技發展越來越進步，提供了可供內容

注｜本書付梓時，《紙牌屋》在風靡六季後，由於主角史貝西遭指控行為不當，Netflix 宣布即將停拍《紙牌屋》。Netflix 的數據未能告訴他們的是，他們的明星有多少不可告人的祕密——數據只告訴他們，二〇一一年觀眾渴望看到他演出的作品。我們猜測：Netflix 未來的數據將顯示，觀賞史貝西電影的人比以前少了。

創造者和分發者在其上運作的平台，讓他們在競爭中佔據優勢。不久後，若你不用科技推動決策和效率，或用它來協助你講述更有活力的故事，相較下，你就會缺乏創造力、欠缺成本效益，然後你會失敗。

內容決策發動機

在Contently，Netflix的故事啟發了我們，並讓我們思索。若非得要為Netflix的祕密武器命名，你會怎麼稱呼它？會如何稱呼這些所創節目的成功率為一般網路節目兩倍多的驚人數據？

我們稱之為「內容決策發動機」（Content Decision Engine）。因其重點在於：Netflix的祕密武器不僅是數據。這是他們如何取得數據，並運用它在電視節目製作過程的每個環節取得優勢——從擬訂節目策略、規劃如何製作到節目的實際創作、了解其中哪些因素發揮了效果，並在下一季改進節目。

光是數據並沒有多大用處。你不能只向製作人展示滿是數字的試算表，指望她立刻就知道該找誰執導、請哪些演員，以及敘事弧該是什麼。數據本身只是許多小塊廢鐵，不能成為發動機。但當你擁有適當的技術和正確的流程裝配線時，這些數據就可以發揮強大的功能。

下一節是為正在尋找高階指南，要運用科技建立強大說故事作業——尤其在大型組織內的讀者。我們要談的是，如何運用科技打造內容決策發動機，幫助你更迅速、明智地做出決策，並在說故事過程的每個階段都獲得數百個微小的優勢。

內容作業輪

還記得上一章的飛輪嗎？那個建立受眾的殺手公式？在我們為Contently的客戶建構自己的內容決策發動機時，我們把它拆解為更多階段，以進一步思索這個流程在組織內的運作方式。但我們不稱之為「飛輪」，只稱它為「輪子」（The

Wheel）。

這個「輪子」的核心是內容決策發動機，為一切提供動力，就像鋼鐵人的核心反應爐。它能讓你在說故事過程的五個階段中，做出更明智的決策。

策略

你在這個階段，要了解你的觀眾需要怎樣的故事，確定如何接觸他們，以及擬定讓每個人都參與其中的行動計畫。

計畫

你在這個階段，要決定如何完成策略內容的日程——內容行銷日曆，並徵聘團隊人員、做預算。

創造

有趣的階段——實際創造故事並做出正確的創意決策，盡可能把故事講到最好。

啟動

在這個階段，你會公開發表故事，並透過它們與你覺得重要的人建立聯繫。

改進

最重要的部分——你可以找出那些作法有效並調整策略，以便下次做得更好。

在 Contently，我們相信在每個階段聰明地運用科技、做出更快更好的決策，是成功向前邁進的關鍵，尤其對於在複雜大公司工作的讀者而言。因此我們在本節中要更深入地了解，內容決策發動機對企業講述故事的方式有什麼影響，以及它對未來意味著什麼。

策略

Vice、《浮華世界》（*Vanity Fair*）和瑞銀（UBS）集團走進一間酒吧……

等等，那其實不是酒吧，而是一間會議室，這場會議的目標出人意料。這三個看似風馬牛不相及的企業——一家是出名的時尚雜誌品牌，另一間是前衛的媒體帝國，還有一個是金融服務巨頭，他們準備合作，讓舉世最難接觸的受眾建立關係。

瑞銀是財富管理和投資銀行，撰寫本書時，它在富比世全球兩千大企業排行榜上名列第二十七位，但二〇一四年底，他們發現自己遇到了問題。他們在網站上發表了聰明的領先理念和分析，非常適合投資宅男。不過瑞銀的行銷研究表明，他們需要接觸另一種同樣重要的受眾——永遠不會上銀行網站閱讀投資文章的人。

瑞銀希望與極富有的千禧世代和女性接觸。他們找出了這些群體想要的事物後，發現他們必須走出他們的舒適區——甚至放棄財務金融這個主題才行。

其結果就是Unlimited，這是因應富裕千禧世代及和女性的需求和知性好奇而設計的網站。它呈現了五花八門的觀點，從物理學者史蒂芬・霍金（Stephen Hawking）到英國名模莉莉・柯爾（Lily Cole）等人的看法都包括在內，並探索財富（金錢對經驗）和時間（轉瞬即逝的觀念與強勢貨幣）的本質。我們不妨把這個網站想像成一種小抄，可以讓你在參加聚會時，在滿室富有及聰明人面前顯得很博學多聞。

過去兩年來，這個網站為這家金融鉅子立了大功，讓瑞銀吸引了先前幾乎沒有理由注意他們及其財富管理服務的受眾。但這要冒極大的風險，品牌不能因為一時興起而採取這樣的策略。凡精神正常的高層都不會撥經費給這樣的策略，你需要證據，需要眼光。這正是科技扮演越來越重要角色的原因。

表面上來看，似乎沒人能複製 Netflix 殺手策略的能力。畢竟他們可以看到其他人看不到的資料點，不是嗎？但其實只是要告訴你，如何製作內容決策發動機，我們全都能取得數十億個資料點，了解人們想要什麼。

在社交媒體、搜尋引擎和智慧型手機的時代之前，我們幾乎難以了解人們最喜歡的故事類型，但如今卻不然。這是因為只要有人搜尋特定資訊，或特定類型的故事，它就會向世界發出訊號，顯示那是他們有興趣的主題。每次有人在社媒上分享故事時也是如此——這個訊號意味著，他們閱讀或觀賞了某些文章或影片，且它對他們產生莫大影響，讓他們想與朋友分享。

由於這一切的活動都只發生在少數幾個地方——主要是 Google、臉書、推特、LinkedIn、Instagram 和 Pinterest，因此我們能拼湊出非常全面的圖片，了解某一類型的人最喜歡哪種類型的故事。許多科技公司（包括 Contently）都在努力了解如何獲得這些資料，導入他們內部的 Netflix，幫助人們了解哪些類型的故事最有可能成功。

在Contently，我們的流程看起來也有點像這樣：首先，我們由我們想爭取的目標受眾開始。接下來，我們使用一系列公司內部和如臉書、LinkedIn Insights等外部工具，來了解他們最感興趣的主題。

一旦我們理解了這些主題，接下來就非常有趣了。例如，這些關於受眾的見解可能會告訴瑞銀，他們的觀眾確實對人工智慧感興趣。但人工智慧是很大的課題。為了突破，我們想知道人工智慧的哪一部分最吸引人。

這就是搜尋資料派上用場之處。如果我們使用語意搜尋（semantic search）工具，就可以看到人們在搜索諸如人工智慧等特定主題時，最常使用的是哪些特定詞彙和問題。我們會看到，人們搜尋諸如：「人工智慧倫理」和「人工智慧工作的影響力」等題目。這使我們更加了解哪些特定主題會引起最大興趣。

自此我們深入挖掘，並分析所有社交媒體上的那些特定主題，以了解哪種內容最吸引人。它們是長篇文章？短篇文章？是影片還是資訊圖表？播客，或者白皮書？我們還可以看到，人們最常在哪些管道上談論這個話題。我們該不該在臉書上以這種內容吸引受眾，還是他們更可能在LinkedIn或推特上發現並分享它？

我們要讚美Contently的傑出內容策略師克莉絲汀・波利（Kristen Poli）開發出的這個流程和其他許多以資料為動力的精彩內容策略方法。這個流程如**左圖**。

最後，我們擁有了製作精彩內容策略所需的所有資訊。我們知道了我們的受眾最感興趣的主題，知道他們最喜歡的故事格式（文章、影片、資訊圖表等）。我們知道如何在搜尋引擎和社交媒體上聯繫他們，確保他們會閱讀或觀看我們的故事。

這種方法並不需要花費數年，進行讀者調查和市場研究，而是讓我們能用比從前快多了的速度了解什麼才能發揮作用。

計畫

二〇一三年，美國最大的銀行大通（Chase）行銷團隊有兩名高階主管決定要加強公司在說故事方面的努力。這兩位主管——布萊恩・貝克（Brian Becker）和史岱西・瓦維克（Stacey Warwick）與本書中的其他創新者有同樣見解，也就是只要他們有很精彩的故事，就能使數位行銷變得容易許多。若他們想保持成功，就需要一種創造出比過去更多偉大故事的方法。

但在像大通銀行這樣一個置身於高度管制產業中的大型組織，要這麼做很困難。該公司已制定了計畫和程序，並嚴格控制預算。儘管瓦維克和貝克有了策略，也知道他們的受眾想要怎樣的內容，但他

內容決策發動機：策略

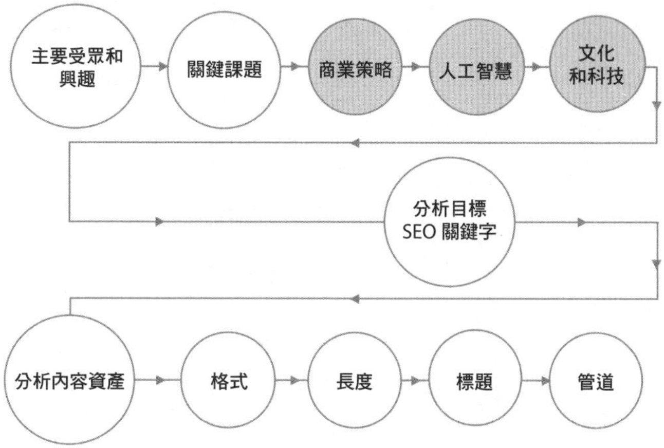

們要為數十種業務線創造數百個故事，就不能不獲得各方的同意。

所以，這兩人做出了明智之舉。首先他們爭取支持，讓其他部門的盟友參與他們的計畫，創造可以協助業務線的故事——為商業線提供小企業建議，為旅行卡會員提供旅遊訣竅，為房貸部門提供抵押和預算的建議。

然後，他們讓這些人齊聚一堂，成立編輯委員會，由行銷長擔任會長，這將有助於規劃他們創造的內容。他們還創造了管理和標準制度，以免發布任何可能讓他們陷入困境的事，也讓一向著重避開風險的法務部門不致在他們開始前就阻止他們的計畫。

貝克告訴說：「我們必須建立我們的基礎設施，然後向公司說明它如何能發揮效果。我們必須證明，內容可以提高行銷的效力。我們還建立了標準、管理和溝通機制，證明我們會負起責任並考慮周詳。」

最後，共有數百人參與——包括內部團隊、創意和媒體合作夥伴，以及自由撰稿人。如果他們依賴傳統的網路科技，整個作業可能會變得很難管理。永無止境的電子郵件來往、難以掌握的試算表。但就在此時，大通做了件聰明的事。

貝克和瓦維克看到的，是內容行銷平台的興起——內容團隊的軟體建構，容許你在同一處計畫和管理我們的內容。創造一個內容日曆，訂定核准流程（approval workflows）、管理和同意簡報、貯存你所有的內容和媒體，還有聘請才華橫溢的自由工作者創造精彩故事。一切都在同一個地方進行。

大通銀行選擇了Contently。貝克說，這樣做「有助於我們在新聞編輯室周遭建立更多結構，並讓我們接觸得到不同地點和領域的人才」。

它幾乎立即見效。他們推出了「新聞和故事」，這個他們網站上的內容樞紐開始創作數十個故事。他們發現，看了這些故事的用戶在網上所花的時間是平均的三倍，申請大通產品的人數也較多。信用卡的申請案增加了43%。客戶反應非常熱烈，他們建立了更穩固的關係，他們正在建立信任。

當該公司在二〇一五年重新推出其應用程式和網站時，新聞和故事是它們的門面和中心。這是客戶最先看到的事物。

自此，大通繼續成長。他們投資包羅萬象的紀錄片，敘述的故事從勒布朗．詹姆斯的慈善活動，到振興紐約老舊的布朗斯維爾（Brownsville）社區都在內。

由於巧妙地運用科技，他們對於製作的每則內容都能更快地下決定。不久，大通這個大企業就擁有了速度和效率都如新創媒體公司一般高的新聞編輯室。

從二〇一六年九月至二〇一七年九月，他們的故事被分享了近二十萬次——這是銀行業中聞所未聞的壯舉。

越來越多大型組織都認為，偉大的故事是每種數位管道成功的關鍵。要不了多久，運用科技來規畫和管理這個過程將不再是奢侈的事，且將成為必須的過程。

創造

還記得 Avvisi 的作者嗎？他們先看到一些同行被砍掉腦袋，才想出創造內容最好的方法？或約瑟夫．普立茲，他花了數年發行垃圾故事，最後才發現像奈莉．布萊這樣的調查記者才是他成功的關鍵？或我們從汙泥報告中汲取的教訓，以及要把故事由腐朽化為神奇的所有作法？抑或偉大故事的四個要素，以及它們如何讓「星際大戰」變成轟動的電影？

這些全都是巨大而複雜的決定。有些需要數年才能考慮清楚。但是，如果科技可以幫助你輕鬆且即時地做出決定呢？

如果它甚至可以確切地告訴你，該觸發哪些情緒，以便讓你的內容成功？

一九六五年，美國空軍研究部門的兩位心理學家恩斯特・杜彼斯（Ernest Tupes）和雷蒙・克里斯塔爾（Raymond Christal）開發了「五因素模型」（The Five Factor Model，五大性格特質），這是一種性格分類的模型，五大特徵包括：開放性、盡責性、外向性、親和性以及情緒不穩定等範圍。

這是按照字典上描述人類特性的一萬八千個單字，依歷史上的用法，就是把每個單字歸入這五大類的其中一個。這種劃時代的工作以科學方式連結了語言與人類心理學。

換言之，他們破解了你寫的文字和其他人如何解釋這些文字之間的代碼，它可以揭示說故事的科學，那是身為作者的你用的語言所喚起的心理反應，也就是說故事的科學。

問題是，要作者或編輯去檢查每個句子的心理效果並不實際。

但如果你能讓這個過程自動完成呢？若你能知道，講述的每個故事會觸動怎樣的心理特質，並了解這些心理特質是否讓人們多少對你的故事感興趣，會有什麼結果？

二〇一六年，Contently 與 IBM Watson 人工智慧系統合作了這項工作。我們建構了一個語氣分析工具（tone analyzer），收集某個網站上所有的文字或特定文字，以〇至一的等級，對五大特質進行評分。你可以只分析一個故事，或整個網站的所有故事，或某位作者的所有故事。

因此，你看得到受眾最喜歡的語氣和聲調。可以找出哪些作家最能引起他們的共鳴，以及這些作家做了什麼，因而能發揮如此效果。你可以為你的出版品創造

「理想的語氣和語調」，然後追蹤你的表現是否達到目標區。

Contently 的優秀工程師甚至也把它建構到我們的文本編輯工具中，讓作者可以調整他們使用的語言，以獲取受眾更強烈的反應。

科技永遠無法

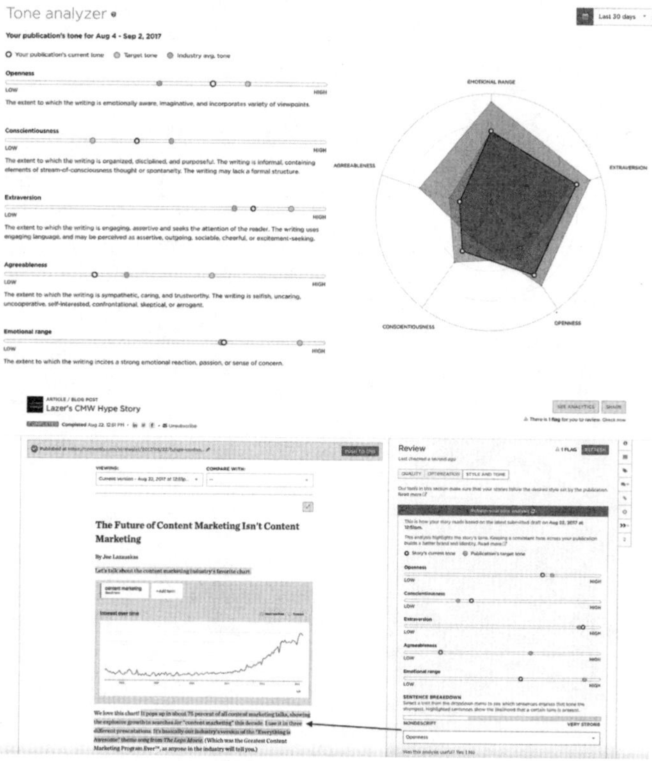

Contently 的語氣分析工具

取代說故事的永恆藝術，但它可以大幅提升它。我們相信，未來的故事講述者將掌握藝術與科學的融合，並運用科技做出更好、更快的創意決策。

在Contently，我們努力為故事講述者打造工具，協助他們做到這一點。例如，我們的故事創造工具不只會告訴你要用什麼語氣和語調，還會顯示你會在汙泥報告中看到的內容，比如被動語氣和重複的字。它會建議你該使用哪些關鍵字，該為特定故事選擇哪些作者，以及哪種格式最合適。

無論你使用什麼工具，我們的目標都是你應該要有的目標：讓內容作業輪更快地運轉，並講述能與你關心的人建立更牢固聯繫的故事。

啟動

記得瑞銀的故事，以及他們如何和Vice與《浮華世界》合作，接觸富裕千禧世代的故事嗎？

到了二〇一七年，Unlimited網站（https：//www.unlimited.world/）已大受歡迎。網站上關於商務和人類未來的深入文章被分享了數千次。瑞銀接觸到了以前幾乎從未聽過他們公司的新受眾。

但他們知道，他們還未充分發揮潛力。也就在此時，瑞銀的全球行銷傳播主管提艾利．坎貝特（Thierry Campet）有了突破。其實這個突破，也與我們第四章提到的，建立「內容策略家」部落格的突破相同。

他們沒有運用夠多的科技來突破並培養他們的受眾。

因此，坎貝特取了內容創作的10%的預算，把這筆資金用在內容分析告訴他效果最好管道的目標讀者——臉書的受眾。

提艾利把社媒行銷科技稱為新的電視廣告——一個革命性的平台，讓他能立即透過瑞銀的故事，接觸到全球數十億人口。電視容許你（頂多）以在特定城市觀賞特定節目的人為目標，而社媒科技則容許你精確地以你想接觸的人為目標，依據他們所住的地方、喜歡的事物、在哪裡工作、工作是什麼，甚至薪酬多少等條件。

雖然這聽來有點教人毛骨悚然（且確實如此！），但這卻全是人們每天花費許多時間在臉書、LinkedIn、Instagram 以及其他平台公開的資訊。且這些平台讓我們能極輕易地以受眾可能喜愛的故事接觸他們。

最棒的是，這些故事越精彩，以其和受眾接觸的價格就越便宜，往往只要花費一美分，甚至更少。如果你有智慧的分析方法，告訴你哪些管道用哪些故事效果最佳，便可以就到哪裡接觸人們，做出明智的決定。

很快地，我們已經看到數位廣告成為企業接觸他們在意受眾最主要的方式，其中又以社媒行銷技術居領導地位。二〇一六年底，數位廣告首次超越電視廣告，而這種差距只會持續增長。

我們無法精確地告訴你，未來兩、三年情況會如何改變，但卻可以告訴你，未來的殺手方程式為：突破性的故事＋傳播這些故事的智慧科技。擁抱這個方程式的說故事者將會獲勝。

改進

本書已經討論了如何運用智慧資料和洞察力來改進你的故事。其實，偉大的說故事者並非每過一個月才坐下來改進一次，他們一直都在持續改進。他們這樣做是為了獲得優勢。

所以，我們想告訴你說故事的科技對我們其中之一產生了怎樣的影響。

這個故事是關於它如何挽救喬的職業生涯。

這個故事始於一個祕密：喬是個缺乏條理、雜亂無章的人。

從幼稚園起，他就常聽到人們這樣批評他。他一年級的老師潔西卡告訴他：「如果你想順利讀完一年級，就得學習好好整理你的東西。」她的視線盯在他半開的書包，裡面塞滿了趣味著色本、斷掉的蠟筆和乾的通心粉，上面還有一瓶快要爆開的白膠。

不過喬是個聰明的孩子，所以他克服萬難、讀完了一年級。沒錯，他花在找東西上的時間比其他任何人都長，但他總能以快速完成作業來彌補。他的老師年年都警告他——你永遠無法讀完二年級、三年級、初中、高中，但他還是安然度過了難關。

再後來，他進到一家小規模的文理學院——莎拉勞倫斯（Sarah Lawrence）學院。在這裡，筆記本上黏著通心粉的絕不只你一人，以萬聖節糖果桶當背包也只是校園創作過程的一環。他在這裡如魚得水。他不斷寫作，也在大學報紙上開了幾個專欄，還做了幾篇重大報導。大一結束時，他被任命為總編輯。

也就是在這時候，才證明他所有的老師都是對的。

經營刊物是組織籌畫的馬拉松——徵才、做預算、安排時程、草稿在作者和編輯之間往返、確保報導能配合報紙的版面編排。喬一開始上任時信心滿滿，用他從《勝利之光》（*Friday Night Lights*）電視劇中教練艾瑞克．泰勒那裡抄來的演講詞招募撰稿人：「清澈的眼，飽滿的心，精彩的報導！」雖然沒有教練那麼有魅力，但一開始頗有效果。

只是幾星期後，他被自己電郵帳戶混亂的浩瀚汪洋淹沒。光是登入就讓他感到恐慌症輕微發作的痛苦。他凌亂的生活似乎不再那麼輝煌。每一週，他都得在週五上午七時東倒西歪地走進報紙辦公室，而一直要到週日午夜，這期的校刊已經送出去了，他才能東倒西歪地走出來。

他沒有去思索殺手級的組織系統，只是簡化過程，一切自己動手。雖然他睡得不多，卻——勉強撐了下來。他出國留學時交了棒，但畢業後又回到這一行，擔任一家數位新聞網站的總編輯，這是當初在他的幫助下，於布魯克林區公園坡（Park Slope）一家咖啡店創立的數位新聞網站。儘管他的散漫無章在孩提時代一直遭到批評，但到了這時，他才徹底明白這個問題。他感到自己缺乏某些基本技巧，使他作為編輯的潛力受到極大限制。他有一半的時間不是專注於擅長的寫作、編輯、提出內容策略和創意，而是一邊在電郵之間整理搜尋，一邊思索：「我究竟是在找什麼？」

他希望能告訴大家，他後來遇到了一位教導他美食、祈禱和組織的大師，才終於獲得啟發，不過實情是，他最後因為愛上一個軟體，才終於克服他最大的缺點。

喬最先在報導紐約市的一個孵化器 Techstars 時發現了 Contently。Contently 的幾位創辦人正在建立一個平台，讓各品牌可以接觸出版工具和成千上萬的自由接案者。喬與其中一位創辦人申恩取得了聯繫，並決定加入，兩人成為 Contently 第一批自由接案的兩位主編。

多數新創公司無法成功，起先喬也認為他與 Contently 之間的關係也只是暫時的而已，但這個平台的日曆、文本編輯器和工作流程吸引了他。他所有的報導和工作都可以有條有理地放在同一處。他覺得自己就像《窈窕美眉》（*She's All That*）裡的女主角蘭妮・波格斯（Lany Boggs），突然間脫胎換骨了。

他可以追蹤何時是截稿日期，誰曾編輯過某篇報導，以及他們做了怎樣的改變。他有一個漂亮的分析儀表板，告訴他哪些內容的表現最好。最重要的是，他可以專注於工作，而非在他的電子郵件裡到處亂翻。

二〇一三年，喬成了 Contently 的總編輯。這是他頭一次沒有不害怕自己的缺點。對此，唯一害怕的人是喬的治療師，他開始懷疑喬愛上了某個內容行銷軟體。喬能以清楚的頭腦工作，把 Contently 的受眾由一萬四千名讀者發展到逾四十萬名。

幾年前，他幾乎看不出軟體和內容企畫之間的關係，如今他卻很篤定它們之間息息相關。

我們花了很多時間思考行銷人員面臨的挑戰。內容行銷是一種新行業，很難解釋、更難衡量。多數公司的計畫人手都嚴重不足。

合乎邏輯的解決方案是，內容團隊

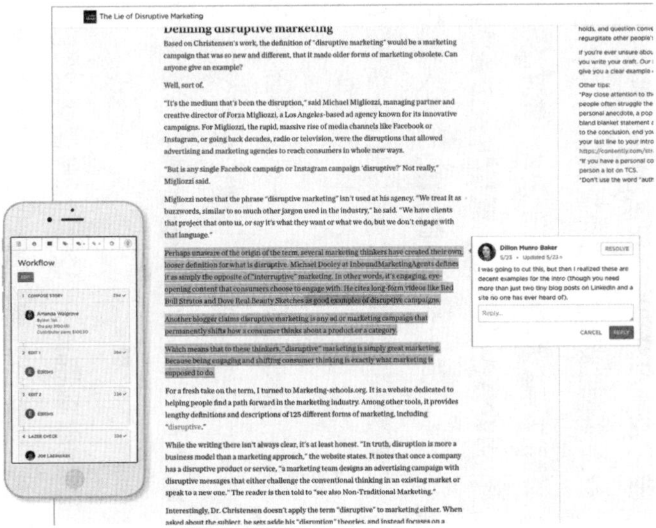

需要更多資源，但這是雞生蛋、蛋生雞的問題。內容團隊很難證明雇用全職員工的必要，除非他們能有所結果，這使的許多商業的故事講述者陷入了不可能獲勝的局面。

其實未必得是如此。為企業說故事比較像是質而非量的遊戲。正如我們先前提到的，前5％的品牌內容掌握了90％的關注。這表示每天製作數百則故事的巨大媒體作業未必就會成功。更重要的是，你確實需要有才華的人才空出時間，專注在能夠突破的偉大創意作品上。

因此我們認為，未來內容行銷創意團隊採取新作法的趨勢將日益常見：他們不會試圖擴展團隊，而是迫切要求新工具，把現有人才的成果增加到最大值。

現代內容科技的優點在於它可以減少編輯做白工的時間。我們運用Contently的軟體接收我們作者所寫的宣傳文字，快速創造任務，並使用拖放功能安排我們的日曆。接著，則由平台負責剩餘的工作，例如在件者提交第一篇草稿時自動支付稿酬、追蹤修訂稿，然後辨識被動語態和錯誤的連結。我們使用Contently，立即把故事轉移至WordPress平台，因而不必浪費時間複製貼上。我們的專有分析則提供有關流量、關注程度與轉換等指標的資訊。我們不必花費數小時取得這些數據，而是在轉瞬之間就消化它。

只要使用合適的軟體，這些作業任務就可由占用編輯50％以上的時間，降為只占10％。也就是說，你可以用聘請初級編輯的價格，把你的產量增加五倍。了解如何做到這點的人在未來就有優勢，能解決引人注目、雄心勃勃的創意計畫。

孩提時代的喬一直都不了解為什麼老師這麼在意組織規劃，但現在他明白了。他們希望他花更多時間發揮創意。無論你是否為像喬一樣散漫的人，內容科技的正確組合都可作為你的神奇資料夾。無論你是否選擇採用Contently，重點都一樣：要脫穎而出，就得要擁抱你內心的麗莎．法蘭克（Lisa Frank）。★

譯注　美國文具商人，以彩色幻覺系文具等商品知名。

08

說故事的習慣

旅館業鉅子萬豪的公關執行副總凱瑟琳．馬修斯走進董事長比爾．馬瑞歐的辦公室。她希望萬豪成立一個部落格，並希望馬瑞歐能夠執筆。

「為什麼會有人想要讀我的部落格？」當時七十六歲的馬瑞歐回應。

但馬修斯很快就說服了馬瑞歐，儘管馬瑞歐連電腦都不會用。他們做了妥協，由馬瑞歐口述部落格文章，每週一次。

萬豪展開了數位說故事之旅，先由簡單的部落格文章開始，但接下來七年裡，他們的努力呈指數級增長。不久，他們就在經營全球媒體公司。

你想賺十億美元嗎？讓我們教你怎麼做。發明一種藥物，只要一劑，就能打造和雕塑你身上的每塊肌肉，達到十全十美的地步。只要一顆藥丸，就能看起來像阿諾．史瓦辛格或美國健身名教練吉利安．邁可斯（Jillian Michaels）。

要是那麼簡單就好了。運動的不幸現實是，即使你使用類固醇，也必須把運動養成習慣才會有效。

說故事亦然。當然，你可用一個故事改變人們的想法，可以改寫一個乞丐的標牌，讓人們施捨他更多錢。但如果你建立長期關係——不論是企業或在日常生活中，你都得把說故事當成上健身房。

你說的每個故事都會成為你總體故事的一部分，就像每次在健身房鍛鍊身體，都有助於打造長久以來的體魄。最佳的公司擅長長期下來一直以各種方式訴說他們的故事。最有趣的人講述了很多故事。他們以故事回答問題，以故事和人建立關係，而不僅僅是說「我也是」而已。

若你已經讀到這裡，那麼你可能已相信，你應該更常用故事建立關係。但我們可以說，要說服整個組織上健身房，未必那麼容易。

在本書最後這章，我們想提出一些具體想法，說明你該怎麼提出充分的理由，讓公司內部養成說故事的習慣。

在你的組織內推動說故事

十年前，一個人就可以讓整個組織的內容發揮效果，如今卻不然。今天，你需要組織內部真正的支持。它未必得要立刻發生，但這是你得採取的第一步。儘管這並不容易，但它會有回報。

讓我們來看看萬豪的內容行銷計畫如何開始。九年前，這家旅館業鉅子的公關執行副總凱瑟琳．馬修斯（Kathleen Matthews）走進董事長比爾．馬瑞歐（Bill Marriott）的辦公室，她有一個點子。她在美國廣播公司（ＡＢＣ）華府分公司做了二十五年新聞記者和主播，知道好故事的力量，尤其當這個故事來自眾所屬目的人物時。

她希望萬豪成立一個部落格。她希望馬瑞歐能夠執筆。

「為什麼會有人想要讀我的部落格？」當時七十六歲的馬瑞歐回應。

馬修斯很快說服了馬瑞歐，他是講述公司故事的最佳人選，儘管他甚至連電腦都不用。因此他們做了妥協，由馬瑞歐口述部落格文章，每週一次。

因此，萬豪展開了數位說故事之旅，先由簡單的部落格文章開始，但接下來七年裡，他們的努力呈指數級增長。不久，他們就在經營全球媒體公司。

接下來三年，萬豪推出了大受歡迎的數位旅遊雜誌《萬豪旅行者》（*Marriott Traveler*），報導的城市從西雅圖到首爾。它在五大洲都成立了內容工作室，甚至因為拍出《兩個行李員》（*Two Bellmen*）和《深情之吻》（*French Kiss*）的短片，而贏得了艾美獎。

走進萬豪位於馬里蘭州貝塞斯達（Bethesda）總部的一樓時，它看起來的確像是現代化酒店的大廳，有時髦的白色休息室和舒適的小憩空間，親切的接待員前來歡迎你。但你會注意到一個意想不到的景物。大堂中間的玻璃牆上，嵌著九個閃動的顯示幕，就像從好萊塢傳輸到貝塞斯達的電視控制室。

從某個觀點來看，它的確如此。在被稱為「M現場」（M Live）的控制室內——通常都有各媒體老將坐鎮於此，他們的任務是了解這個酒店品牌可以運用多少數位媒體帶來的新機會，讓萬豪講述他們的故事。

「我們現在是媒體公司，」當時的萬豪的全球創意副總裁，艾美獎得主大衛．畢比（David Beebe）這麼告訴我們。

這是很重要的聲明，但萬豪的內容製作支持這種說法。這又帶來了問題：當初馬修斯單槍匹馬闖進萬豪執行長辦公室，鼓吹採用內容，到後來究竟如何讓萬豪發展為舉世最先進的內容行銷企業之一？

那是因為幾年後，馬瑞歐的部落格大受歡迎。不久後，他相信在萬豪面對挑戰，要講述全公司近二十幾個不同旅館品牌的故事時，內容就是答案。

因此二〇一三年，萬豪下了個大賭注，由華特迪士尼公司請來了卡林．提姆波尼（Karin Timpone），她曾領導迪士尼推出成功的數位產品，如WATCH ABC，因此她能讓萬豪與「下一代旅行者」有所連結。二〇一四年六月，原來也在迪士尼工作的畢比跟隨提姆波尼轉換頻道。

畢比和提姆波尼迅速展開工作。到了二〇一五年初，萬豪已創造了一個成功的電視節目「領航員直播」（*The Navigator Live*）；一個轟動的短片《兩個行李員》；一份個性化的網路旅遊雜誌；以及用虛擬實境頭戴式顯示器Oculus Rift展開令人興奮的虛擬實境探索。這些計畫立即產生了回報，由更多觀眾參與，到數百萬美元的直接營收，甚至帶來了內容授權交易。他們幫助公司與顧客建立了更牢固的關係。

「我們之前已經說過——我們與顧客建立了非常親密的關係，」畢比說：「畢竟，他們和我們同床共枕。這雖是玩笑話，卻也有其真實性。」

在獲得初步成功後，萬豪更加強了在說故事方面的努力，並招募相關員工，請來哥倫比亞廣播公司（CBS）、《浮華世界》和其他媒體巨擘的人才。

他們還與公司外各式各樣的創作者協力（包括Contently！）——從著名製片人伊恩．桑德（Ian Sander）和金摩西（Kim Moses），到YouTube名人泰倫．瑟雷恩（Taryn Southern），她在一個名為「請勿打擾」（Do Not Disturb）的網路系列中，赴飯店房間採訪名人。

畢比拒絕了在影片中公開穿插萬豪品牌的誘惑。萬豪的精彩短片《兩個行李員》初次剪輯後送回來，他的第一個指示就是去掉多數品牌廣告。

他說：「我們不希望看到任何『歡迎來到萬豪酒店，這是你的鑰匙卡』，然後再一個公司商標的特寫，一點都不要。」

換句話說，萬豪把賭注押在專業說故事者身上，讓他們領導萬豪的內容行銷計畫，而非讓專業行銷人員來領導。

然而，要讓這種作法發揮效果的關鍵並不在於阻擋行銷。相反地，萬豪突破了各自為政的行銷單位，讓行銷和內容人員為共同的目標合作。

其關鍵就在於「M現場」，這是萬豪用玻璃打造的內容工作室。

這個工作室成立於二〇一五年十月，共有九個銀幕，顯示種種訊息，從萬豪旗下十九個品牌的社媒活動、即時訂房資訊到萬豪的編輯日曆。但教人印象更深刻且對其他品牌更具啟發性的，則是八把旋轉椅。玻璃房間內的每個座位都代表一個不同的部門，比如公關／傳播、社交媒體、話題行銷（Buzz Marketing，或稱蜂鳴行銷、口頭宣傳行銷），創意＋內容，甚至還有可在極短時間內擴大發展表現良好內容的媒體代理商——媒體庫（MEC）。

有些行銷人員可能會不以為然，認為這個情況是一種時尚——是玩弄品牌的愚蠢媒體公司。但其實這是偉大說故事文化的象徵——視媒體為行銷的文化。

在撰寫本書之際，雖然萬豪正在建立媒體業務，打算把短片和網路劇授權到雅虎、美國線上（AOL）、Hulu、Netflix和Amazon等平台，但「M現場」和「萬豪內容工作室」仍然是行銷活動。

「我們當初並沒有說：『我想建立一家媒體公司』，才發展到現在這一步，」畢比說：「首先也最重要的是，『目標』是吸引消費者與我們的品牌產生關聯，與他們建立終身價值。內容是很好的作法。」

說故事的文化

雖然「M現場」和「萬豪內容工作室」正在朝公司外部發展並接觸人群，但它們也對公司內部的生活產生了影響。內容團隊十分努力地鼓吹並解釋他們正在做什麼——這也是為什麼他們在公司大廳中間設立「M現場」，並讓所有人都能看到的原因。

比如，一位高階主管花了三個月領導計畫，創造說明「M現場」的指南，並在其中解釋，公司員工若有點子或故事該如何提供幫助。他們把「M現場」，M現場團隊與客戶服務結合起來，處理任何投訴或問題，萬豪旗下的每個品牌都深入參與內容創造過程。畢比說：「大家逐漸了解它，我們已做了很多，他們開始看到影響力。」

甚至連馬瑞歐也來查看情況。

畢比說：「他喜歡它，喜歡我們正在實踐的觀念，他會坐下來聊天並打電話。他甚至用了馬修斯的電腦，把文章展示給他的妻子看。」

馬瑞歐和萬豪執行長阿恩・索倫森（Arne Sorenson）的支持推動了雄心勃勃的內容作業，讓它繼續改變公司。

「這才是我們真正的目標，」畢比說：「讓所有品牌行銷人員、領導者和團隊共聚一堂，把他們變成偉大的故事講述者。」

並非每家公司都需要建立像萬豪這樣複雜的內容工作室，才能建立偉大的說故事文化，但如果他們未來想成為成功的故事講述者，確實必須接納這個工作室代表的事物——不再各自為政，要有共同目標，用故事建立關係，並讓人們關心。

當然，這就是重點所在。

願故事力與你同在

不論你打算在萬豪這樣的大企業，或一間小公司的渺小行銷部門，或你自己日常的工作和關係中，請運用你新學到的故事力，臨別之際，我們要給你的忠告都一樣。

那就是兩百多年前富蘭克林所給的忠告：

「寫些值得閱讀的東西，不然就去做些值得寫的事。」

無論選擇哪一種，我們都期待你的故事。

致謝

本書是多年來，Contently 所有傑出、聰慧和可愛的員工努力的成果。人數太多，難以一一唱名道謝，但我要向 Daniel Broderick 和 Ryan Galloway 致意，謝謝他們的編輯和查證工作。還要向 Kristen、Dillon、Erin、Kieran、Eunmo、Judy、Cynthia、Elisa、Ari、KP、Rebecca Lieb、以及其他諸位 TCS／Quarterly／Strategy 成員的道謝，他們的工作是這一切的骨幹。特別感謝 Sam 為我們擋子彈，謝謝 Kelly 的指導和照顧，當然還要謝謝 Joe 和 Dave 讓這一切成真。謝謝 Jim 和 Jeanenne 對此計畫的信心。超級感謝 Contently 的無名英雄 Jordan Teicher 和我們的姊妹 Jess @Contently，她協助我們製作演講和故事，它們是本書主要的內容。

喬身為猶太裔的好孩子，要感謝他父母和祖母的支持，他們從沒有太苦口婆心地勸他放棄這個「作者階段」。向V先生致敬，謝謝他的嚴格督導，謝謝Sam Apple讓他參與，也謝謝談話群組在聆聽我們談論這麼多內容策略後，依然願意做我們的朋友。

參考資料

01

① Nathaniel Philbrick, In the Heart of the Sea: The Tragedy of the Whaleship Essex, (New York: Viking, 2000), pp xi-xii.

② Delia Baskerville, “Developing Cohesion and Building Positive Relationships through Storytelling in a Culturally Diverse New Zealand Classroom”, in Teaching and Teacher Education, 27:1 (2011): 107-115, https://www.sciencedirect.com/science/article/pii/S0742051X10001204.

03

① Benjamin Franklin, The Autobiography of Benjamin Franklin, (New York: E. P. Dutton & Co., 1913), pp. 18-19.
② 同上
③ 同上
④ 同上
⑤ 同上
⑥ 同上

04

① Linda Boff, interview with Joe Lazauskas, April 2016.
② Melissa Lafsky Wall, interview with Joe Lazauskas, February 2015.
③ Greg Cooper, keynote address at SXSW, 2016.BNOTES 12/19/2017 14:3:0 Page 168
④ Linda Boff, interview with Joe Lazauskas, April 2016.
⑤ Rand Fishkin, interview with Joe Lazauskas, February 2015.
⑦ Jordan Teicher, “The Best Content Marketing of 2016”, The Content Strategist, Dec 20, 2016, https://contently.com/strategist/2016/12/20/best-content-marketing-2016/.
⑧ Jing Cao and Melissa Mittelman, “Why Unilever Really Bought Dollar Shave Club”, Bloomberg, July 20, 2016, https://www.bloomberg.com/news/articles/2016-07-20/why-unilever-really-bought-dollarshave-club.

08

① David Beebe, interview with Joe Lazauskas, November 2015.
② 同上
③ 同上
④ 同上.
⑤ 同上
⑥ 同上
⑦ Benjamin Franklin, Poor Richard, An Almanack For the Year of Christ 1738, Being the Second after Leap Year (Poor Richard's)

故事的力量
正中靶心，連結目標客群，優化品牌價值的飛輪策略行銷
The Storytelling Edge:
How to Transform Your Business, Stop Screaming into the Void, and Make People Love You

作　　者　喬・拉佐斯卡斯（Joe Lazauskas）
申恩・史諾 (Shane Snow)
譯　　者　莊安祺
總監暨總編輯　林馨琴
責任編輯　楊伊琳
編輯協力　施靜沂
美術設計　賴維明
行銷企劃　趙揚光
—
發 行 人　王榮文
出版發行　遠流出版事業股份有限公司
地　　址　臺北市南昌路 2 段 81 號 6 樓
客服電話　02-2392-6899
傳　　真　02-2392-6658
郵　　撥　0189456-1
著作權顧問　蕭雄淋 律師
—
2019 年 5 月 1 日　初版一刷
新台幣 300 元（如有缺頁或破損，請寄回更換）

—
ISBN　978-957-32-8544-1
—
遠流博識網　http://www.ylib.com/
E-mail　ylib@ylib.com

故事的力量：正中靶心，連結目標客群，優化品牌價值的飛輪策略行銷 / 喬 . 拉佐斯卡斯 (Joe Lazauskas), 申恩 . 史諾 (Shane Snow) 著；莊安祺譯 . -- 初版 . -- 臺北市：遠流 , 2019.05
面；　公分
譯　自：The storytelling edge : how to transform your business, stop screaming into the void, and make people love you
ISBN 978-957-32-8544-1(平裝)

1. 品牌行銷 2. 說故事

496　　108005285

國家圖書館出版品預行編目 (CIP) 資料